新时代
**技术**
新未来

Recommendation
System
and
Deep Learning

# 推荐系统
# 与深度学习

黄昕　赵伟　王本友　吕慧伟　杨敏———编著

清華大學出版社
北　京

# 内 容 简 介

　　本书的几位作者都曾在大型互联网公司从事与推荐系统相关的实践与研究，通过这本书，把推荐系统工作经验予以总结，以帮助想从事推荐系统工作的读者或推荐系统爱好者。本书的内容设置由浅入深，从传统的推荐算法过渡到近年兴起的深度学习技术。不管是初学者，还是有一定经验的从业人员，相信都能从本书的不同章节中有所收获。

　　区别于其他推荐算法书籍，本书引入了已被实践证明效果较好的深度学习推荐技术，包括 Word2Vec、Wide & Deep、DeepFM、GAN 等技术应用，并给出了相关的实践代码；除了在算法层面讲解推荐系统的实现，还从工程层面详细阐述推荐系统如何搭建。

**本书封面贴有清华大学出版社防伪标签，无标签者不得销售。**

版权所有，侵权必究。举报：010-62782989，beiqinquan@tup.tsinghua.edu.cn。

图书在版编目（CIP）数据

推荐系统与深度学习/黄昕等编著. —北京：清华大学出版社，2019（2020.12重印）
(新时代·技术新未来)
ISBN 978-7-302-51363-6

Ⅰ. ①推… Ⅱ. ①黄… Ⅲ. ①软件设计 Ⅳ. ①TP311.5

中国版本图书馆 CIP 数据核字(2018)第 232192 号

责任编辑：刘　洋
封面设计：徐　超
责任校对：宋玉莲
责任印制：丛怀宇

出版发行：清华大学出版社
　　　　　网　　　址：http://www.tup.com.cn，http://www.wqbook.com
　　　　　地　　　址：北京清华大学学研大厦 A 座　　　　邮　　编：100084
　　　　　社 总 机：010-62770175　　　　邮　　购：010-62786544
　　　　　投稿与读者服务：010-62776969，c-service@tup.tsinghua.edu.cn
　　　　　质 量 反 馈：010-62772015，zhiliang@tup.tsinghua.edu.cn

印 装 者：三河市金元印装有限公司
经　　销：全国新华书店
开　　本：187mm×235mm　　　印　张：13.75　　　　字　　数：247 千字
版　　次：2019 年 1 月第 1 版　　　　　　　　　　印　　次：2020 年 12 月第 5 次印刷
定　　价：65.00 元

产品编号：078535-01

# 前　　言

本书的五位作者均曾就职于腾讯，分别在不同的部门从事与推荐系统相关的工作。正是因为"推荐"，我们相识相知。我们不仅在工作中成为伙伴，在工作之余，我们也成了非常好的朋友。在一次好友聊天中，我们萌生写作本书的想法，在之后半年的时间中，我们各有分工，共同完成了本书的写作。可以说，这本书不仅是我们知识的沉淀，也是我们友谊的见证。

推荐算法具有非常多的应用场景和巨大的商业价值。推荐算法种类很多，目前应用最广泛的应该是基于协同过滤的推荐算法。在 2016 年，随着阿尔法围棋（AlphaGo）大放异彩，新的一波深度学习浪潮已至。在图像、音频处理等领域，深度学习技术已成为当之无愧的王者；但在推荐领域，深度学习还处于发展阶段。同时，我们在平时工作学习中，发现市面上并没有关于两者相结合的书籍，只能在国外论文中发现相关的方法与应用。所以，我们决定以比较简单的表达方式，通过总结过往的推荐算法经验，将深度学习相关的应用介绍给更多的读者。

为了适应具有不同知识储备的读者阅读，本书大致可分为四个部分。第 1 至第 3 章为第一部分，主要介绍深度学习的基础知识。第 4 至第 5 章为第二部分，主要介绍了传统的推荐算法及问题。第 6 章为第三部分，进一步介绍深度学习推荐技术。第 7 章为第四部分，介绍了如何在线上实战搭建推荐系统。第三、第四部分是本书的重点，对于从事算法的工作者，可以了解到深度学习技术与推荐算法的结合；对于从事工程的工作者，可以汲取线上搭建推荐系统的经验。

在本书的写作过程中，得到了很多前辈同事的帮助，包括傅鸿城、李深远、刘黎春、赵蕊、邱天宇等领导、同事都给予了很多宝贵意见和支持。没有他们的帮助，我们很难完成本书的写作。

最后还要感谢我们的家人，在写作本书的过程中，我们几位作者占用了大量的家庭时间，感谢他们的照顾和体谅。

# 目　　录

# 图 目 录

# 表 目 录

# 第 **1** 章

# 什么是推荐系统

## 1.1  推荐系统的概念

### 1.1.1  推荐系统的基本概念

随着互联网行业发展，我们已进入一个信息爆炸的时代。信息爆炸是互联网赋予当前时代的特征，互联网技术的发展，带给我们最直观的感受是：

1. 各类商品花样繁多；

2. 新闻信息飞速增加；

3. 广告信息铺天盖地；

4. 科技信息迅猛递增；

5. 个人接受力严重"超载"。

以商品的飞速增长为例，美国《连线》主编克里斯·安德森在一篇文章中首次提出了"长尾"（The Long Tail）概念[①]：商品销售呈现出长尾形状，冷门商品的需求曲线不会降到零点，而且曲线的尾部比头部长得多，他认为这种丰富性和多样性源自全球化、高效供应链和个性化需求。无独有偶，日本著名营销专家菅谷义博也在《长尾经济学》中提出了这一概念。无论如何，在面对这种多样化和丰富性的时候，都会让人有些手足无措。

另外，随着大数据概念与技术的普及，不管是线上 APP 平台，还是传统的线下平台，都越来越重视数据的收集，数据量呈几何倍数式增长。国际数据公司（IDC）的研究

---

① 长尾（The Long Tail）这一概念是由《连线》杂志主编克里斯·安德森（Chris Anderson）在 2004 年 10 月的《长尾》一文中最早提出，用来描述诸如亚马逊和 Netflix 之类网站的商业和经济模式。"长尾"实际上是统计学中幂律（Power Laws）和帕累托分布（Pareto）特征的一个口语化表达。

结果表明，2008 年全球产生的数据量为 0.49ZB[①]，2009 年的数据量为 0.8ZB，2010 年增长为 1.2ZB，2011 年的数量更是高达 1.82ZB，相当于全球平均每人产生 200GB 以上的数据。IBM 的研究称，整个人类文明所获得的全部数据中，有 90% 是过去两年内产生的。而到了 2020 年，全世界所产生的数据规模将达到今天的 44 倍之多。

信息爆炸与大数据技术的普及，都促进了个性化推荐技术的快速发展。所谓推荐系统，简言之就是根据用户的偏好推荐其最有可能感兴趣的内容。以新闻平台为例，过去主要以新浪新闻这类中心化内容平台为代表；而现在，以今日头条为代表的新闻 APP 均在首页根据用户偏好推送不同内容的定制化新闻，推动了整个行业向个性化推荐转型。在淘宝、京东、亚马逊等电商网站的首页都设有"猜你喜欢"专区，根据用户最近浏览和购买的行为记录推荐商品。

图 1.1　淘宝"猜你喜欢"专区

据数据科学中心 Data Science Central 统计，对于像亚马逊[②]和 Netflix[③]这样的主要电子商务平台，推荐系统可能会承担多达 10% 至 25% 的增量收入。在新兴的短视频领

① ZB，中文名为泽字节。外文名是 Zettabyte，计算机信息计量单位，代表 $10^{21}$ 字节。

② 亚马逊公司（Amazon，简称亚马逊；NASDAQ：AMZN），是美国最大的一家网络电子商务公司，位于华盛顿州的西雅图。亚马逊是网络上最早开始经营电子商务的公司之一。

③ Netflix（Nasdaq NFLX）成立于 1997 年，是一家在线影片租赁提供商，用户可以通过 PC、TV 及 iPad、iPhone 收看电影、电视节目。Netflix 大奖赛从 2006 年 10 月开始，Netflix 公开了大约 1 亿个 1~5 的匿名影片评级，比赛要求参赛者预测 Netflix 的客户分别喜欢什么影片，把预测的效率提高 10% 以上，推动了推荐技术的发展。

域，以抖音和快手为代表的 APP 以推荐为流量分发的主要手段。在互联网金融领域，各大平台也开始主打针对个人定制化的千人千面投资推荐。毫无疑问，个性化推荐已成为所有新闻、视频、音频、电商、互联网金融等相关平台的标配。面对日益增长的推荐系统需求，推荐系统相关人才的稀缺愈加凸显。

　　本书第四章是针对推荐系统的初学者，结合算法介绍和实战代码，帮助读者从无到有，从零到一，结构化地掌握推荐系统的基础理论及实践经验。首先，本书会在第四章中介绍最传统的基于内容的推荐算法。这种算法有效利用了推荐内容自身的特点，例如商品的类别标签、新闻的分类标签、音乐的流派标签等，结合用户的历史行为，进行简单有效的推荐。但是这种推荐算法严重依赖物品的内容标签等相关数据，如果完全依靠人工标注，不仅工作量大，准确率也无法保证。所以本书作者结合自身经验，介绍了 TF-IDF 等自动化标签提取方法，以提升基于内容推荐的效率和准确率。推荐系统的一个主流分支是基于协同过滤的推荐算法。该类推荐算法最早由亚马逊提出并应用，目前已成为主流推荐系统的核心技术。基于协同的推荐又可细分为基于记忆的协同过滤和基于模型的协同过滤。其中基于记忆的协同过滤也就是常说的物品协同和用户协同。这两种方法应用最为广泛，但是会过于依赖历史数据，当数据稀疏（例如大部分冷门长尾的商品很少被购买，相关的历史数据就是稀疏的）时，推荐精准度下降严重。另外，随着用户量和商品量的增长，系统性能也会下降。为了解决这一问题，本书会进一步介绍基于模型的协同过滤。最基础的基于模型的协同过滤方法，包括聚类模型和贝叶斯网络等，而目前应用最为广泛的潜在因子推荐方法，被称为奇异值分解（SVD[①]）。SVD 可以有效地对用户特征及物品特征进行降维抽象，从而提升系统的效率和准确度；通过进一步考虑用户的隐性行为和时间变化的维度，衍生出了 SVD++、time-SVD++、三维矩阵分解等方法。同时，在互联网化的今天，本书从社交网络的角度去考虑推荐问题，包括基于领域和基于图的社会化推荐方法。

　　当然推荐系统往往不是由单一算法组成的，混合推荐系统是指将多种推荐技术进行混合，相互弥补缺点，从而可以获得更好的推荐效果。本书的第五章会向读者介绍混合推荐系统中的常用技术。在混合推荐系统或其他机器学习项目中，特征工程是最重要的一个环节，它直接决定了模型的上限。另外，在推荐算法中，除了基于协同算法应用外，还会经常把推荐问题转化为分类问题，例如使用逻辑回归、迭代决策树等分类预测模型进行 CTR 预测。不同于基于物品/用户的协同，分类预测模型更加依赖于特征的处理工

---

① 奇异值分解（singular value decomposition）是线性代数中一种重要的矩阵分解，在信号处理、统计学等领域有重要应用。

作及技巧。

在算法理论的基础上，本书将在第七章中结合作者多年工作实践经验，进一步从推荐系统常见架构、常用组件以及常见问题等方面，指导读者如何搭建一个线上高并发可用的推荐系统。

## 1.1.2　深度学习与推荐系统

深度学习（Deep Learning）的概念源于人工神经网络的研究，是通过探究学习低层特征组合成抽象的高层特征，来解决分类预测问题。深度学习的概念由 Hinton[①]等大师于2006 年提出，主要是使用深度置信网络（DBN）进行非监督贪心逐层训练，随后提出多层自动编码器深层结构。另外 Lecun 等大师提出的卷积神经网络（CNN）是第一个真正的多层结构学习算法，现在被广泛应用于图像处理领域。2016 年，让国内乃至世界真正认识到深度学习重要性的是阿尔法围棋（AlphaGo），它由谷歌（Google）旗下 DeepMind 公司戴密斯·哈萨比斯领衔的团队开发。我们从百度搜索指数上也可以看到，深度学习在逐渐赶超机器学习，成为最热门的研究课题。

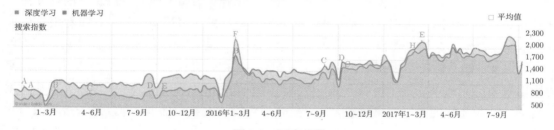

图 1.2　百度指数

严格来说，深度学习只是机器学习的一个研究分支，但之所以被单独挑选出来作为课题研究，是因为深度学习较传统的浅层学习在方法和思维上是一次技术革命。下面具体看一下深度学习的发展历史。

20 世纪 80 年代，用于人工神经网络的反向传播算法的发明，给机器学习带来了第一次浪潮，它激发大量的学者开始进行机器学习领域的研究。神经网络正是深度学习的

---

① Geoffrey Hinton 被尊称为"神经网络之父"，他将神经网络带入到研究与应用的热潮，将"深度学习"从边缘课题变成了谷歌等互联网巨头仰赖的核心技术，并将 HintonBack Propagation（反向传播）算法应用到神经网络与深度学习，还提出了"Dark Knowledge"概念。曾获得爱丁堡大学人工智能的博士学位，并且为多伦多大学的特聘教授。在 2012 年，Hinton 还获得了加拿大基廉奖（Killam Prizes，有"加拿大诺贝尔奖"之称的国家最高科学奖）。2013 年，Hinton 加入谷歌并带领一个 AI 团队，目前正进行着谷歌大脑的项目。

雏形。但是基于反向传播的人工神经网络逐渐淡出，主要原因包括以下几个方面。

（1）神经网络过拟合比较严重，导致模型实践效果不佳。

（2）模型参数比较难调，没有完整的方法论指导。

（3）训练速度慢且训练数据不足，影响模型效果。

到了 20 世纪 90 年代，其他各种各样的浅层机器学习模型相继被提出，比如支撑向量机（Support Vector Machines，SVM）、Boosting、回归方法（例如逻辑回归 Logistic Regression，LR）等。这些模型的结构基本上可以看成带有一层隐层节点（如 SVM、Boosting），或没有隐层节点（如 LR）。这些模型直至今天仍被广泛利用，在本书第四章中对此也有一些相关的介绍。

随着技术的发展，一方面机器的运算速度以几何级数增长；另一方面，Hinton 和 Bengio、Yann LeCun 等机器学习泰斗也研究提出了一套实际可行的 Deep Learning 框架。2006 年，Hinton 和他的学生 Ruslan Salakhutdinov 在国际顶级学术期刊《科学》上发表了一篇文章，重新掀起了深度学习在学术界和工业界的浪潮。这篇文章有两个主要的信息：多隐层的人工神经网络具有优异的特征学习能力，学习得到的特征对数据有更本质的刻画，从而有利于可视化或分类；深度神经网络在训练上的难度，可以通过"逐层初始化"（Layer-wise Pre-training）来有效克服。

自此，深度学习成为不可忽视的力量，重新出现在历史舞台上，在图像处理、语音识别、语义理解等领域开始大放光彩。AlphaGo 的横空出世，更是让深度学习走向令人瞩目的焦点位置。同时，最近几年深度学习模型也开始逐步在推荐领域得到利用，特别是词嵌入表示模型（embedding models）。词嵌入表示模型最早应用在自然语言处理领域中，利用背景信息构建词汇的分布式表示。嵌入式表示模型往往简单而又相对比较有效，因此很快被人们应用到推荐系统中。其核心思想就是同时构建用户和物品的嵌入式表示，使得多种实体的嵌入式表示存在于同一个隐含空间内，进而可以计算两个实体之间的相似性。例如图 1.3 中，我们使用词嵌入模型对歌曲进行向量化表达，可以看到向量化后，相同流派的歌曲聚集程度更高。

不仅在词嵌入模型上，在解决特征维度灾难、特征组合等方面，深度神经网络模型也有着巨大的优势。RNN、LSTM 等时序模型的引入，也能更好地处理用户的行为序列问题。

本书第二章是深度学习入门篇，会介绍深度学习的基础概念以及基础感知机模型的推导过程。在第三章中，本书会介绍 TensorFlow（Google 研发的开源深度学习平台）的安装使用方法，并带领读者写出第一段 TensorFlow 代码。

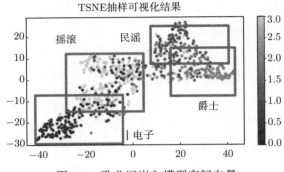

图 1.3 歌曲词嵌入模型空间向量

在第六章中，鉴于读者已经对推荐算法有了一定的了解，本书会介绍深度学习技术在推荐系统领域的发展与应用。从 DNN 到 RNN 再到 GAN，读者将在这一章中由浅入深地了解到主流的深度学习模型。其中部分算法来源于最近在国外学术期刊上发表的文章，是业内前沿的算法。

# 第 2 章

## 深度神经网络

## 2.1　什么是深度学习

大部分读者第一次听到或接触深度学习的概念，可能都是源于 2016 年 Google 在 *Nature* 杂志上正式公开发表论文，文中宣布其以深度学习技术为基础的计算机程序 AlphaGo，在 2015 年 10 月与人类的围棋对局中，连续五局击败欧洲冠军、职业二段樊辉，是 AI 击败人类智慧的一个新的里程碑。深度学习往往会给读者带来高深、复杂的感觉，但事实上正好相反，深度学习并不是新提出的概念，它的历史几乎和人工智能的历史一样长。只不过，在过去数十年里，深度学习及相关的人工神经网络技术由于数据量不足、计算能力不足等多种原因没有展示出它的实力。2000 年后，随着计算机产业的发展，计算性能、处理能力大幅提高，尤其是以谷歌为代表的前沿企业在分布式计算上取得了深厚积累，成千上万台计算机组成的大规模计算集群早已不再是稀有资源。而互联网产业的发展则使搜索引擎、电子商务等公司聚集了数以亿计的高质量数据。简而言之，数据量和计算能力已完成它们的技术储备，为深度学习的出场打下了良好的基础。

### 2.1.1　深度学习的三次兴起

说到深度学习，那么就不得不提神经网络的概念。事实上深度学习中主流的网络结构 DNN、CNN、RNN 都是在基础神经网络上发展衍生出来的。我们回顾一下神经网络发展的历程。神经网络的发展也经历了数次大起大落：从单层神经网络（感知器）开始，到包括一个隐藏层的两层神经网络，再到多个隐藏层的深度神经网络，主要经历了三次兴起过程，详见图 2.1 所示。图中的顶点与谷底可以看作神经网络发展的高峰与低谷。横轴是时间，以年为单位，而纵轴是一个神经网络影响力的示意表示。

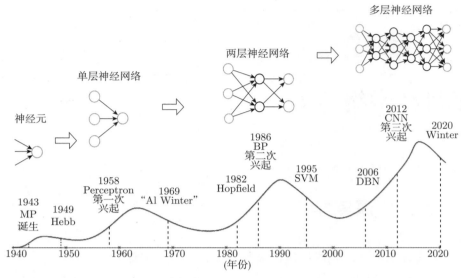

图 2.1 神经网络的三次兴起

　　神经网络发展的第一次高潮期，为感知器模型和人工神经网络的提出。1957 年，计算机专家 Frank Rosenblatt 开始从事感知器的研究。感知器是一种多层的神经网络，后续由 Frank Rosenblatt 制成相关硬件，通常被认为是最早的神经网络模型。这项工作首次把人工神经网络的研究从理论探讨付诸工程实践。当时世界上许多实验室仿效制作感知机，分别应用于文字识别、声音识别、声呐信号识别以及学习记忆问题的研究。1959 年，两位电机工程师 Bernard Widrow 和 Marcian Haff 开发出一种叫作自适应线性单元（ADALINE）的网络模型，并在他们的论文 *Adaptive Switching Circuits* 中描述了该模型及其学习算法（Widrow-Haff 算法）。该网络通过训练，可以成功用于抵消通信中的回波和噪声，也可用于天气预报，成为第一个应用于实际问题的神经网络。然而在 1969 年，Marvin Minsky 和 Seymour Papert 合著了一本书《Perception》，分析了当时的简单感知器，指出它有非常严重的局限性，甚至不能解决简单的"异或"问题，算是对 Rosenblatt 的感知器判了"死刑"。此时相关的批评声音高涨，导致了政府停止提供人工神经网络研究所需的大量投资。不少研究人员把注意力转向了其他的人工智能方向，导致人工神经网络的研究陷入低潮。

　　第二次高潮期是 Hopfield 网络模型的出现和人工神经网络的复苏。随着人们对感知器兴趣的衰退，神经网络的研究沉寂了相当长的时间。直到 1984 年，Hopfield 设计研制了后来被人们称为 Hopfield 网络模型的电路，较好地解决了 TSP 问题，找到了最优解的近似解，引起了较大轰动。1985 年，Hinton、Sejnowsky、Rumelhart 等研究者在 Hop-field 网络中引入随机机制，提出了所谓的 Bolziman 机。1986 年，Rumelhart 等研究者独立地提出多层网络的学习算法 BP 算法，较好地解决了多层网络的学习问题。人们重新认识到神经网络的威力以及付诸应用的现实性。随后，一大批学者和研究人员围绕着Hopfield、Hinton 等提出的方法展开了进一步的工作，形成了 80 年代中期以来人工神经网络的研究热潮。1990 年 12 月，国内首届神经网络大会在北京成功举行。

第二轮高潮之后，神经网络的发展就又进入了新的瓶颈期，甚至有段时间影响力还不如支持向量机（SVM）。不过 Hinton 等人于 2006 年提出了深度学习的概念，2009 年Hinton 把深层神经网络介绍给语音领域的研究者们，然后 2010 年语音识别就取得了巨大突破。接下来 2011 年 CNN 又被应用在图像识别领域，取得的成绩令人瞩目。2015 年LeCun、Bengio 和 Hinton 三位大牛在 *Nature* 上刊发了一篇综述，题为 Deep Learning，这标志着深度神经网络不仅在工业界获得成功，而且已真正被学术界所接受。

2016 年与 2017 年应该是深度学习全面爆发的两年，Google 推出的 AlphaGo 和 AlphaZero，经过短暂的学习就完全碾压当今世界排名前三的围棋选手；科大讯飞推出的智能语音系统，识别正确率高达 97% 以上，该公司也摇身一变成为 AI 的领跑者；百度推出的无人驾驶系统 Apollo 也顺利上路完成公测，使得共享汽车离我们越来越近。AI 领域取得的种种成就让人类再次认识到神经网络的价值和魅力。

## 2.1.2　深度学习的优势

目前，深度学习技术已经在许多方面渗透到日常生活当中，比如电子商务网站上的推荐系统、搜索引擎等。此外，它越来越多地应用到智能手机、照相机等消费类产品中，例如，识别图像中的物体，把语音转换成文本、对新闻和商品进行个性化推荐并生成相关的搜索结果等。这些应用的成功大部分得益于近年来深度学习的发展。

与传统的机器学习和模式识别技术相比，深度学习在数据表示方面有很大贡献。在过去，构建模式识别或者机器学习系统需要精心的工程设计和专业的领域知识来设计特征，将原始数据转换成合适的特征表示，输入到机器学习系统中。而今，深度学习允许通过多个处理层来学习具有抽象能力的数据表示，所以深度学习拥有更强大的学习能力。图 2.2 说明了随着网络层数的增添，以及激活函数的调剂，神经网络所能拟合的决策分界平面的能力。从图中可以看出，随着网络层数的增加，其非线性分界拟合能力不断增强（图中的分界线其实不代表真实训练取得的效果，更多的是示意效果）。神经网络的钻研与利用之所以能够不断地蓬勃发展，与其强大的函数拟合能力是密不可分的。固然，仅有强大的内在能力，并不一定能取得胜利。一个胜利的技术与策略，不但需要内因的作用，还需要时势与环境的配合。神经网络发展背后的外在条件可以被总结为：更强的计算能力、更多的数据，以及更好的训练策略。只有满足这些前提时，神经网络的函数拟合能力才能得以体现（见图 2.3）。这些外在条件的进步极大地推进了许多现有领域的发展，比如语音识别、视觉分类、物体检测以及药物发现等。深度学习的灵感来源于脑科学

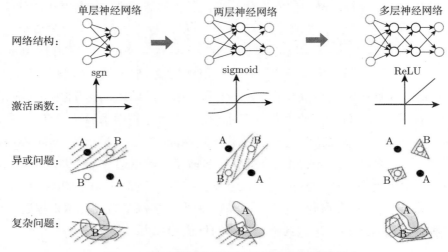

图 2.2　不同层数的神经网络拟合分界面的能力

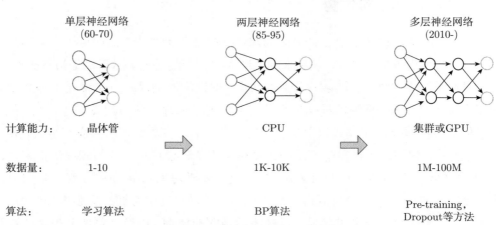

图 2.3　不同层数的神经网络表示能力

和生物科学，通过反向传播算法来发现大型数据中的复杂结构并更新模型内部参数。目前，深度卷积网络在处理图像、视频、语音等方面都取得了突破。此外，循环神经网络对时序数据，比如文本和语音的处理也取得显著效果。

## 2.2　神经网络基础

神经网络技术是深度学习的基础。所以本节我们先介绍神经网络中 sigmoid 函数、损失函数，以及正向传播与反向传播的概念。神经网络的基本结构如图 2.4 所示。

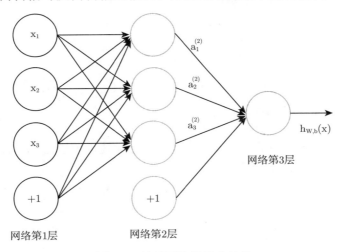

图 2.4　神经网络的基本结构

图 2.4 中每个圆圈表示一个神经元，每条线表示神经元之间的连接。我们可以看到，图中的神经元被分成了多层，层与层的神经元之间有连接，而层内的神经元之间没有连接。最左边的层叫作输入层，该层负责接收输入数据；最右边的层叫作输出层，我们可以从该层获取神经网络输出数据。输入层和输出层之间的层叫作隐藏层。隐藏层比较多（大于 2）的神经网络叫作深度神经网络。而深度学习，就是使用深层架构（比如深度神经网络）的机器学习方法。

### 2.2.1　神经元

为了理解神经网络，我们应该首先理解神经网络的组成单元 —— 神经元。神经元也叫作感知器。感知器算法在 20 世纪 50~70 年代很流行，也成功解决了很多问题。感知器算法是非常简单的。图 2.5 说明的即是一个感知器。

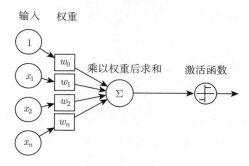

图 2.5　感知器算法

可以看到，一个感知器有如下组成部分：

**输入权值**　一个感知器可以接收多个输入 $x_1, x_2, \cdots, x_n$。每个输入上有一个权值 $w_i$，此外还有一个偏置项 $b$，即上图中的 $w_0$。

**激活函数**　感知器的激活函数可以有很多选择，比如我们可以选择下面这个阶跃函数 $f$ 来作为激活函数：

$$f(z) = \max(z, 0) \tag{2-1}$$

**输出**　感知器的输出由下面的公式计算：

$$y = f(wx + b) \tag{2-2}$$

## 2.2.2　神经网络

通过对神经元的介绍，神经网络就不难理解了。神经网络其实就是按照一定规则连接起来的多个神经元。图 2.6 展示了一个全连接（full connected，FC）神经网络。通过观察，可以发现它的规则，具体包括：

- 神经元按照层来布局。最左边的层叫作输入层，负责接收输入数据；最右边的层叫作输出层，我们可以从该层获取神经网络输出数据。输入层和输出层之间的层叫作隐藏层，因为它们对于外部来说是不可见的。
- 同一层的神经元之间没有连接。

- 第 N 层的每个神经元和第 N-1 层的所有神经元相连接（这就是 full connected 的含义），第 N-1 层神经元的输出就是第 N 层神经元的输入。
- 每个连接都有一个权值。

上面这些规则定义了全连接神经网络的结构。事实上还存在很多其他结构的神经网络，比如卷积神经网络（CNN）、循环神经网络（RNN），它们各自具有不同的连接规则。

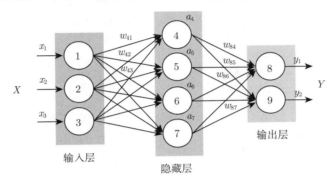

图 2.6　三层全连接神经网络

## 2.2.3　反向传播

在神经网络中，有了样本的输入和权重参数，我们就可以通过正向传播求得输出值。然而，输出值一般会与预测值差异很大，这是因为网络层的权重是我们随机初始化的，此时的网络还不具备预测分类功能。为了校正网络的权重，这时候就要利用神经网络反向传播的算法，修正权重参数，使输出值逼近目标值。类似机器学习的优化算法，我们通常采用反向传播的方法来更新梯度，从而达到最小化损失函数值的目的。反向传播算法是一种基于微积分链式求导的递归算法。假如 $y = g(x; \theta)$，其中 $\theta$ 是模型参数，我们可以通过梯度 $\nabla_\theta g$ 来更新模型参数 $\theta$。

举例来说，假设我们有函数 $y = (2x + 3)^2$，我们对计算 $\partial y / \partial x$ 感兴趣，在传统的神经网络中，$x$ 一般是包含输入数据和网络参数的向量，$y$ 是总的损失。为了表述清晰，我们引入中间变量 $a = 2x$，$b = a + 3$，$y = b^2$，每个和输入有关的中间变量可以很容易求导，$\partial a / \partial x = 2$，$\partial b / \partial a = 1$，$\partial y / \partial b = 2b$，一旦我们得到这些导数，我们能够很容易通过链式法则 $\dfrac{\partial y}{\partial x} = \dfrac{\partial y}{\partial b} \dfrac{\partial b}{\partial a} \dfrac{\partial a}{\partial x}$ 求出 $\partial y / \partial x$。

考虑多标签分类问题，给定训练集合 $\{(x_1, y_1), \cdots, (x_n, y_n)\}$，其中 $x_n \in \mathbb{R}^p$ 是第 $n$ 个

样本的 $p$ 维特征，$y_n \in \{0,1\}^C$ 是第 $n$ 个样本的 $C$ 维类别。假设每个类别服从二项式分布，那么每个样本的目标函数写成

$$J = -\sum_i^C y_i \log(a_i^{l+1}) + (1 - y_i) \log(1 - a_i^{l+1}) \tag{2-3}$$

其中，$a_i$ 是每个样本在最后一层的输出，$y_i \in \{0,1\}$ 表示每个样本第 $i$ 个类别是否存在。

假定我们有基于全连接的多层神经网络，每层的输出采用 sigmoid 函数激活，那么可以得到下面的递推公式：

$$z_i^{l+1} = \sum_j a_j^l w_{i|j}^l, \quad a_i^{l+1} = \text{sigmoid}(z_i^{l+1}) \tag{2-4}$$

其中，$z_i^{l+1}$ 表示第 $l+1$ 层第 $i$ 个神经元的输出值，$w_{i|j}^l$ 代表第 $l$ 层神经元 $a_j^l$ 和第 $l+1$ 层神经元 $z_i^{l+1}$ 的连接权重。

如果对低层的网络参数求导，比如对第 $l-1$ 层的参数 $w_{j|k}^{l-1}$ 求导，通常采用下面的递归求导公式：

$$\begin{aligned}
\frac{\partial J}{\partial w_{j|k}^{l-1}} &= \frac{\partial J}{\partial z_j^l} \frac{\partial z_j^l}{\partial w_{j|k}^{l-1}} \\
&= \frac{\partial z_j^l}{\partial w_{j|k}^{l-1}} \sum_i \frac{\partial J}{\partial z_i^{l+1}} \frac{\partial z_i^{l+1}}{\partial a_i^l} \frac{\partial a_i^l}{\partial z_j^l} \\
&= \frac{\partial z_j^l}{\partial w_{j|k}^{l-1}} \sum_i \frac{\partial J}{\partial a_i^{l+1}} \frac{\partial a_i^{l+1}}{\partial z_i^{l+1}} \frac{\partial z_i^{l+1}}{\partial a_j^l} \frac{\partial a_j^l}{\partial z_j^l} \\
&= a_k^{l-1} \sum_i \frac{a_i^{l+1} - y_i}{a_i(1 - a_i^{l+1})} (a_i^{l+1}(1 - a_i^{l+1})) w_{i|j}^l (z_j^l(1 - z_j^l)) \\
&= a_k^{l-1} \sum_i (a_i^{l+1} - y_i) w_{i|j}^l (z_j^l(1 - z_j^l))
\end{aligned} \tag{2-5}$$

其中，$z_j^l = \sum_k a_k^{l-1} w_{j|k}^{l-1}$，$a_j^l = \text{sigmoid}(z_j^l)$。反复采用式 (2-5)，我们可以对每个参数求导，并更新所有的网络参数。

## 2.2.4　优化算法

深度神经网络具有非常强的表征能力，它是高维非线性的非凸模型，对于非凸问题，在多项式时间内很难找到全局最优解。此外，深度神经网络还有训练数据多、参数多、网络结构复杂、容易过拟合等问题，使得网络参数很难优化。

#### 2.2.4.1　网络参数初始化

　　深度网络的模型参数都是采用梯度下降算法来更新的。本质上，它是一种迭代更新算法，需要在迭代更新前对每个参数进行初始化。不过初始化的选择在高维非凸优化问题中是非常重要的。如果初始化参数太小，在网络训练过程中前馈和反馈的信号可能会丢失，导致神经元之间没有区分。如果参数过大，可能会导致梯度失控爆炸等问题，从而影响模型的收敛性。所以，选择合适的方法初始化网络参数是非常有必要的。初始化网络参数通常有下面几种方法。

　　**（1）高斯分布初始化**。参数服从固定均值和方差的高斯分布进行随机初始化，也可以考虑输入和输出神经元的数量，分别记作 $n_{in}$ 和 $n_{out}$：

$$W \sim N\left(0, \sqrt{\frac{2}{n_{in}+n_{out}}}\right) \tag{2-6}$$

　　**（2）均匀分布初始化**。参数服从 $U[-a,a]$ 的均匀分布进行随机初始化，也可以考虑输入神经元的数量 $n_{in}$：

$$W \sim U\left(-\sqrt{\frac{1}{n_{in}}}, \sqrt{\frac{1}{n_{in}}}\right) \tag{2-7}$$

　　**（3）Xavier 初始化**。参数服从 $U[-a,a]$ 的均匀分布进行随机初始化，目的是让输入和输出神经元的方差尽量一致。其中，$a$ 通过推导得出

$$W \sim U\left(-\sqrt{\frac{2}{n_{in}+n_{out}}}, \sqrt{\frac{2}{n_{in}+n_{out}}}\right) \tag{2-8}$$

#### 2.2.4.2　学习率的选择

　　除了网络参数初始化问题，选择合适的学习率也是困难的。学习率太小导致收敛缓慢，而学习率太大会阻碍收敛并导致损失函数在最小值附近波动或者发散。而模拟退火算法可以以一定的概率来接受一个比当前解要差的解，因此有可能会跳出这个局部的最优解，达到全局的最优解。因此，深度网络通常采用模拟退火的方法在训练期间动态调整学习率。模拟退火算法的学习率又包括反向衰减学习率和指数衰减学习率，具体定义方法如下。

　　**（1）反向衰减学习率**。假设初始化学习率为 $\eta_0$，$\gamma$ 是衰减系数，$t$ 是迭代次数，反向衰减可以定义为

$$\theta(t) = \frac{\eta_0}{1+t \cdot \gamma} \tag{2-9}$$

**指数衰减学习率** 类似地，指数衰减可以定义成

$$\theta(t) = \frac{\eta_0}{\exp(t \cdot \gamma)} \tag{2-10}$$

但是，固定衰减的模拟退火方法不能直接泛化到多个数据集上，我们也不希望采用相同的频率和步长来更新所有的网络参数，所以自适应调整学习率 Adadelta[①] 被提出，这些方法给每个参数设置不同的自适应学习率。

下面，我们将介绍在深度学习社区广泛使用的优化算法，但有些优化算法，比如二阶方法中的牛顿法，在高维数据集的实践中是不可行的。

（2）**动量方法**。该方法采用累计梯度来替代当前时刻的梯度。直观上讲，动量方法类似把球推下山，球在下坡时积累动力，在途中速度变得越来越快。如果某些参数在连续时间内梯度方向不同，那么动量会变小。相反，如果在连续时间内梯度方向一致，那么动量会增大。因此，动量法可以更快速地收敛并减少目标函数的震荡。

$$v_t = \gamma v_{t-1} - \eta \cdot \nabla_\theta J(\theta; x_{i:i+n}, y_{i:i+n})$$
$$\theta = \theta - v_t \tag{2-11}$$

其中，动量参数 $\gamma$ 通常被设置成 0.9，$\eta$ 是梯度更新的步长。

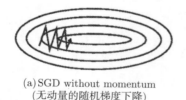

(a) SGD without momentum
（无动量的随机梯度下降）

(b) SGD with momentum
（有动量的随机梯度下降）

图 2.7 动量对比

（3）**RMSprop**。该方法是 Hinton 提出的，可以自适应调整每个参数的学习率。此外，该方法也可以克服学习率过早衰减等问题。

$$v_t = \beta v_{t-1} + (1-\beta)\nabla_\theta^2 J(\theta; x_{i:i+n}, y_{i:i+n}) \tag{2-12}$$

其中，$\beta$ 是衰减系数，通常取 0.9。

---

① Zeiler, M. D.（2012）. ADADELTA: An Adaptive Learning Rate Method. Retrieved from http://arxiv.org/abs/1212.5701.

梯度更新公式：

$$\theta_{t+1} = \theta_t - \frac{\alpha}{\sqrt{v_t + \epsilon}} \cdot \nabla_\theta J(\theta; x_{i:i+n}, y_{i:i+n}) \tag{2-13}$$

（4）**自适应矩估计**。该方法可以自适应调整每个参数的学习率，可以看成是 RMSprop 和动量方法的结合。

$$m_t = \beta_1 m_{t-1} + (1 - \beta_1) \nabla_\theta J(\theta; x_{i:i+n}, y_{i:i+n})$$
$$v_t = \beta_2 v_{t-1} + (1 - \beta_2) \nabla_\theta^2 J(\theta; x_{i:i+n}, y_{i:i+n}) \tag{2-14}$$

其中，$m_t$ 和 $v_t$ 分别是梯度一阶矩（均值）和二阶矩（方差）的估计。假设 $M_0 = 0$，$G_0 = 0$，$\beta_1$ 和 $\beta_2$ 接近 1 时，$M_t$ 和 $G_t$ 离真实值偏差很大。所以要对 $M_t$ 和 $G_t$ 进行矫正：

$$\hat{m}_t = \frac{m_t}{1 - \beta_1^t}$$
$$\hat{v}_t = \frac{v_t}{1 - \beta_2^t} \tag{2-15}$$

梯度更新公式：

$$\theta_{t+1} = \theta_t - \frac{\eta}{\sqrt{\hat{v}_t + \epsilon}} \hat{m}_t \tag{2-16}$$

通常，$\beta_1 = 0.9$，$\beta_2 = 0.999$，$\epsilon = 10^{-8}$。

# 2.3　卷积网络基础

卷积网络和普通神经网络非常相似：它们都由一系列神经元组成。但不同的是，卷积神经网络受到视觉系统的启发，会考虑输入的空间结构。比如，第 $l+1$ 层神经元和 $l$ 层的局部区域相连接，该区域（也被称为局部感受野）执行卷积操作和非线性变换生成第 $l+1$ 层神经元。整个网络可以表示成可微分的端到端函数：$f: x \to y$，其中 $x$ 是原始图像，$y$ 是类别分数。卷积网络通过损失函数，比如交叉熵来优化网络参数。此外，与标准神经网络相比，CNN 具有更少的参数，从而可以有效地训练非常深的架构（通常超过 5 层，这对于全连接的网络来说是不可行的）。通常，卷积神经网络的图层可以分成三种类型：卷积层、池化层和全连接层。我们通过堆叠这些图层构成完整的卷积网络架构。

## 2.3.1　卷积层

卷积层是卷积神经网络的核心图层，用来提取局部区域的特征。通常，卷积层有多个不同的卷积核，局部区域和这些卷积核经过卷积运算生成不同的特征。其中，不同的卷积核可以看成不同的特征提取器。下面，我们先介绍卷积运算：

在连续情况下，两个函数 $f$ 和 $g$ 的卷积定义如下：

$$(f * g)(t) = \int_{-\infty}^{\infty} f(\tau)g(t-\tau)\mathrm{d}\tau = \int_{-\infty}^{\infty} f(t-\tau)g(\tau)\mathrm{d}\tau \tag{2-17}$$

在离散情况下，积分符号被求和符号替换：

$$(f * g)(n) = \sum_{m=-\infty}^{\infty} f(m)g(n-m) = \sum_{m=-\infty}^{\infty} f(n-m)g(m) \tag{2-18}$$

如果离散函数 $g$ 的定义域在 $(-M, M)$ 上，那么：

$$(f * g)(n) = \sum_{m=-M}^{M} f(n-m)g(m) \tag{2-19}$$

其中，$g$ 被称为核函数。这些定义可以扩展到多维情况，卷积神经网络通常对图像执行 2D 卷积：

$$(f * g)(x, y) = \sum_{m=-M}^{M} \sum_{m=-N}^{N} f(x-n, y-m)g(n, m) \tag{2-20}$$

如果是彩色图像，那么：

$$(f * g)(x, y, z) = \sum_{m=-M}^{M} \sum_{m=-N}^{N} \sum_{c=-C}^{C} f(x-n, y-m, c)g(n, m, c) \tag{2-21}$$

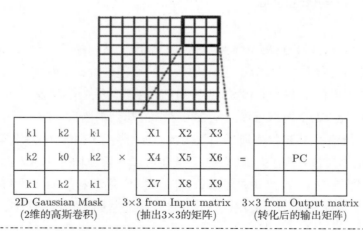

图 2.8　卷积运算

## 2.3.2　池化层

池化层，也可称为子采样层（subsampling layer），它通常被用在连续的卷积层之间，类似于特征选择的功能，其主要作用是减少特征和参数数量，减少网络的计算量，从而控制过拟合。此外，池化层通常在每个通道上独立执行，我们常常能见到 $2 \times 2$ 大小（过滤器）的池化层，每个通道沿着宽度和高度执行下采样，放弃 75% 的神经元。

**最大池化**　该操作在每个通道的 $n \times m$ 区域内计算所有神经元的最大值：

$$f(x,y,z) = \max_{1 \leqslant x \leqslant n, 1 \leqslant y \leqslant m} f(x-n, y-m, z) \tag{2-22}$$

**平均池化**　该操作在每个通道的 $n \times m$ 区域内计算所有神经元的平均值：

$$f(x,y,z) = \frac{1}{nm} \sum_{1 \leqslant x \leqslant n, 1 \leqslant y \leqslant m} f(x-n, y-m, z) \tag{2-23}$$

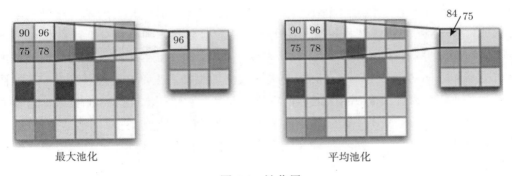

最大池化　　　　　　　　　　　　　平均池化

图 2.9　池化层

## 2.3.3　常见的网络结构

（1）**LeNet-5**。LeNet-5 是非常经典的卷积网络，1998 年由 LeCun 提出，用于手写体的字母图像识别。这个卷积网络由多个卷积层、池化层和全连接层组成，其结构如图 2.10 所示。池化层和卷积层类似，但它主要在图像的非重叠位置上使用，它的目的是提取重要特征以及减少图像尺寸。在 LeNet-5 网络中，池化层采用平均池化运算，但也可以使用其他函数（比如最大池化）。卷积网络的最后一层采用全连接网络，全连接层的输出通过 softmax 函数激活，生成每个数字的概率。LeNet-5 和其他神经网络一样，使用反向传播算法训练网络参数。

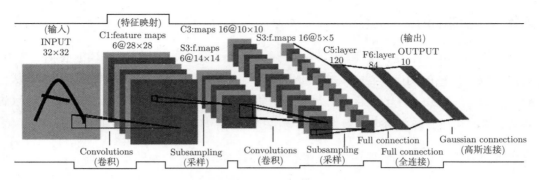

图 2.10　LeNet 卷积结构

（2）**AlexNet**。2012 年 Hinton 及其学生 Alex Krizhevsky 提出了 AlexNet，该网络主要用于图像分类。他们也参加了那年的 ImageNet ILSVRC 竞赛，达到 15.3％的分类错误率，比第二名 26％的错误率提高 10 个百分点，这是图像分类领域的重大突破。该网络和 LeNet-5 非常相似，但是 AlexNet 更深、更宽一些，如图 2.11 所示，它堆叠了许多卷积层。AlexNet 的实现过程也有不少细节：首先，标准的神经元激活函数是双曲正切 $f(x) = \tanh(x)$ 或者 sigmoid $f(x) = 1/(1 + \exp(-x))$。在 AlexNet 里，激活函数被替换成 ReLU $f(x) = \max(0, x)$。其次，AlexNet 采用数据增强技术来增加标签数据集，比如图像平移、水平翻转或者改变 RGB 通道的密度。此外，它还引入 dropout 技术，这种方法让每个神经元有一定概率不会参与正向和反向传播。直观地说，它对网络结构进行采样，减少了神经元的复合性，对特定神经元有更多依赖。此外，比较常见的卷积网络结构还有 VGGNet、ResNet 等。

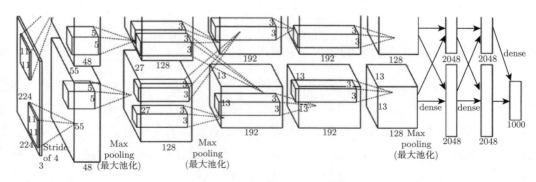

图 2.11　Alex-Net 卷积结构

## 2.4　循环网络基础

　　序列数据在很多领域都很常见，不仅应用于自然语言处理、语音识别、计算生物学等专业领域，还应用于股票价格预测、天气预测这些常见的预测模型中。现在流行的序列模型非常多。对于最简单的序列模型，只需要预测前项或者后项，不需要隐藏状态。例如自回归模型，该模型在序列中基于历史的许多项做加权平均，并试图预测下一项，没有隐藏状态。然而，隐藏状态在许多现实问题中也是很有必要的，因为序列模型中各个节点的数据往往是通过隐层进行传递的。现在有许多序列模型的变体，它们通常都有隐藏状态和动态性，比如线性动力学系统和隐马尔可夫模型等。

　　通常来说，序列模型包含隐藏状态是非常自然的，隐藏状态保存序列在每个时刻的动态性，所以它会根据不同时刻的动态变化预测下一个结果。循环神经网络就是序列模型的一种变体。在传统神经网络中，我们假设所有的输入和输出相互独立，但这显然不符合数据特点。假使你想预测句子里的下一个单词，你会想知道哪些单词出现在它前面。此外，RNN 有循环性，因为序列的每个时刻都执行相同的任务，每个时刻的输出依赖于当前时刻的输入和上一时刻的隐藏状态。

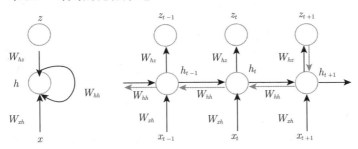

RNN 的紧凑结构　　　　　　　按时刻展开的多层 RNN 模型

图 2.12　RNN

　　更具体地说，给定观察序列 $x = \{x_1, x_2, \cdots, x_T\}$ 及其相应的标签，$y = \{y_1, y_2, \cdots, y_T\}$，我们想要学习一个映射 $f: x \rightarrow y$。我们采用 RNN 构建序列模型，和其他动态系统类似，RNN 也有隐藏状态，不过它在 $t$ 时刻的隐藏状态 $h_t$ 不仅依赖于当前的观测 $x_t$，也依赖于上一个隐藏状态 $h_{t-1}$。具体来说，我们将 $h_t$ 定义为：

$$h_t = f(h_{t-1}, x_t) \tag{2-24}$$

其中 $f$ 是非线性映射。因此，$h_t$ 包含了关于整个序列的信息，可以从式（2-24）的递归定义中推断出来。换句话说，RNN 可以使用隐藏变量作为存储器来从序列中捕获长期信息。具体来说，可以写成

$$
\begin{aligned}
h_t &= \tanh(W_{hh}h_{t-1} + W_{xh}x_t + b_h) \\
z_t &= \text{softmax}(W_{hz}h_t + b_z)
\end{aligned}
\tag{2-25}
$$

其中，$z_t$ 是在 $t$ 时刻的预测值，$\tanh(x) = \dfrac{\text{e}^{2x} - 1}{\text{e}^{2x} + 1}$。

## 2.4.1　时序反向传播算法

时序反向传播算法和传统神经网络的反向传播算法类似，不同之处在于传统神经网络按时刻展开网络，每个时刻按照反向传播的方式计算梯度。此外，考虑到模型的泛化能力等原因，所有时刻涉及的网络参数是共享的，因此参数的梯度需要对所有展开层的梯度求和。下面具体介绍时序反向传播算法：

首先，我们定义循环神经网络的目标函数，通常采用最大似然或者最小化负对数似然估计模型参数：

$$
L(t; x, y) = -\sum_t y_t \log z_t
\tag{2-26}
$$

假设 $a_t = W_{hz}h_t + b_z$，那么可以得到 $z_t = \text{softmax}(a_t)$，对 $a_t$ 求导可以得到

$$
\frac{\partial L}{\partial a_t} = -(y_t - z_t)
\tag{2-27}
$$

由于 $W_{hz}$ 在所有时刻是共享的，我们需要在每个时刻对它求导再求和：

$$
\frac{\partial L}{\partial W_{hz}} = \sum_t^T \frac{\partial L}{\partial z_t} \frac{\partial z_t}{\partial W_{hz}}
\tag{2-28}
$$

类似地，可以对 $b_z$ 求导：

$$
\frac{\partial L}{\partial b_z} = \sum_t^T \frac{\partial L}{\partial z_t} \frac{\partial z_t}{\partial b_z}
\tag{2-29}
$$

然后可以对 $W_{hh}$ 求导（隐藏状态 $h_{t+1}$ 也依赖于 $h_t$）：

$$
\frac{\partial L(t+1)}{\partial W_{hh}} = \frac{\partial L(t+1)}{\partial z_{t+1}} \frac{\partial z_{t+1}}{\partial h_{t+1}} \frac{\partial h_{t+1}}{\partial h_t} \frac{\partial h_t}{\partial W_{hh}}
\tag{2-30}
$$

进一步，用（BPTT）从时刻 $t$ 到时刻 $0$ 对 $W_{hh}$ 求导：

$$\frac{\partial L(t+1)}{\partial W_{hh}} = \sum_{k=1}^{t} \frac{\partial L(t+1)}{\partial z_{t+1}} \frac{\partial z_{t+1}}{\partial h_{t+1}} \frac{\partial h_{t+1}}{\partial h_k} \frac{\partial h_k}{\partial W_{hh}} \tag{2-31}$$

在所有时刻对 $W_{hh}$ 的导数求和，可以得到

$$\frac{\partial L}{\partial W_{hh}} = \sum_{t}^{T} \sum_{k=1}^{t} \frac{\partial L(t+1)}{\partial z_{t+1}} \frac{\partial z_{t+1}}{\partial h_{t+1}} \frac{\partial h_{t+1}}{\partial h_k} \frac{\partial h_k}{\partial W_{hh}} \tag{2-32}$$

然后，在 $t+1$ 时刻对 $W_{xh}$ 求导（$h_t$ 和 $x_{t+1}$ 都对 $h_{t+1}$ 有贡献），那么可以得到

$$\begin{aligned}
\frac{\partial L(t+1)}{\partial W_{xh}} &= \frac{\partial L(t+1)}{\partial h_{t+1}} \frac{\partial h_{t+1}}{\partial W_{xh}} + \frac{\partial L(t+1)}{\partial h_t} \frac{\partial h_t}{\partial W_{xh}} \\
&= \frac{\partial L(t+1)}{\partial h_{t+1}} \frac{\partial h_{t+1}}{\partial W_{xh}} + \frac{\partial L(t+1)}{\partial h_{t+1}} \frac{\partial h_{t+1}}{\partial h_t} \frac{\partial h_t}{\partial W_{xh}}
\end{aligned} \tag{2-33}$$

进一步，用（BPTT）从时刻 $t$ 到时刻 $0$ 对 $W_{xh}$ 求导：

$$\frac{\partial L(t+1)}{\partial W_{xh}} = \sum_{k=1}^{t} \frac{\partial L(t+1)}{\partial h_{t+1}} \frac{\partial h_{t+1}}{\partial h_k} \frac{\partial h_k}{\partial W_{xh}} \tag{2-34}$$

最后，对所有时刻求和，得到

$$\frac{\partial L(t+1)}{\partial W_{xh}} = \sum_{t}^{T} \sum_{k=1}^{t} \frac{\partial L(t+1)}{\partial h_{t+1}} \frac{\partial h_{t+1}}{\partial h_k} \frac{\partial h_k}{\partial W_{xh}} \tag{2-35}$$

注意到，

$$\frac{\partial h_{t+1}}{\partial h_k} = \prod_{j=k}^{t} \frac{\partial h_{j+1}}{\partial h_j} \tag{2-36}$$

如果 $\frac{\partial h_{j+1}}{\partial h_j}$ 很小，那么连续乘法后，可能会消失，导致离当前时刻较远的隐藏状态没办法对当前时刻的梯度产生贡献。如果 $\frac{\partial h_{j+1}}{\partial h_j}$ 很大，那么连续乘法后，梯度就会失控（爆炸）。

（1）**梯度爆炸**。通常采用梯度截断来解决，对梯度值进行缩放，使得梯度的模不超过 $\eta$。假设 $g$ 是梯度向量，$|g| > \eta$，那么：

$$g = \frac{\eta g}{|g|} \tag{2-37}$$

（2）**梯度消失**。一种有效的方法是把 RNN 从 $h_t = f(h_{t-1}, x_t)$ 改成累加模型：

$$h_t = h_{t-1} + f(h_{t-1}, x_t) \tag{2-38}$$

累加模型在一定程度可以缓解梯度消失问题。

2009 年，使用长短期记忆网络（LSTM）构建的人工神经网络模型赢得过 ICDAR 手写识别比赛冠军。LSTM 模型同时引入记忆单元和门机制，除了解决梯度消失问题，还在手写体识别等任务上取得不错的结果，使得 LSTM 在解决时间序列问题上受到广泛关注。

## 2.4.2　长短时记忆网络

长短期记忆网络是循环神经网络的一个变体，它扩展了 RNNs 模型，主要的贡献是引入了记忆单元和门机制在神经网络内部传播信号，同时有效解决了梯度消失和梯度爆炸问题。

在图 2.13 中，内存单元 $c_t$ 是 LSTM 网络的核心单元，它对历史的隐藏状态 $h_{t-1}$ 和当前的输入 $x_t$ 进行编码。此外，输入门 $i_t$、遗忘门 $f_t$ 和输出门 $o_t$ 控制网络内部信息流的传递。

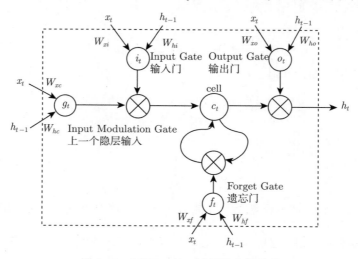

图 2.13　LSTM 在 $t$ 时刻的内部结构

具体来说，假设在 $t$ 时刻，每个 RNN 单元由内存单元 $c_t$、输入门 $i_t$、遗忘门 $f_t$ 和输出门 $o_t$ 组成。这些门通过上一时刻的隐藏状态 $h_{t-1}$ 和当前时刻的输入 $x_t$ 计算得到：

$$f_t = \text{sigmoid}(W_{xf}x_t + W_{hf}h_{t-1} + b_f)$$
$$i_t = \text{sigmoid}(W_{xi}x_t + W_{hi}h_{t-1} + b_i) \tag{2-39}$$
$$o_t = \text{sigmoid}(W_{xo}x_t + W_{ho}h_{t-1} + b_o)$$

内存单元 $c_t$ 通过部分遗忘当前内存并添加新内存 $g_t$ 来更新：

$$g_t = \tanh(W_{xc}x_t + W_{hc}h_{t-1} + b_c)$$
$$c_t = f_t \odot c_{t-1} + i_t \odot g_t \tag{2-40}$$

一旦 RNN 的内存被更新后，$t$ 时刻的隐藏状态 $h_t$ 和输出 $z_t$ 通过下式计算：

$$h_t = o_t \odot \tanh(c_t)$$
$$z_t = \text{softmax}(W_{hz}h_t + b_z) \tag{2-41}$$

## 2.5　生成对抗基础

　　生成对抗网络（Generative Adversarial Networks）源自于 Ian J. Goodfellow 在 NIPS 2014 上的同名论文，在三四年的时间内便成为当前深度学习和神经网络前沿最热的名词之一，每年的 NIPS、ICLR 都有大量讨论 GAN 的论文，有人戏称"这个领域最大的瓶颈就是名字不够起了"，因为每周 Arxiv 都有名为 xxxGAN 的新论文出现[①]。一方面在各领域广泛地使用 GAN 来完成不同任务；另一方面从理论上和实践上增强 GAN 的可用性（比如稳定、可解释等）。传统的监督学习任务通常需要为数据样本标注上对应的标签，但是数据的标注往往涉及很大的成本投入。因此，如何从海量无标注的数据中获益，便成为一个学术界和工业界亟待突破的领域。在这个背景下，GAN 的出现为无监督学习打开了另外一扇门。

　　最原始的 GAN 通过读取一些原始图片，不依赖样本的额外标注信息，就可以生成相似的图片。如图 2.14 所示[②]，构造了一个二人零和博弈（此消彼长）的对抗框架，生成器和判别器一起优化，但是有着相反的优化方向，通过竞争来促进学习。我国古籍中早

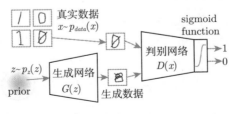

图 2.14　GAN 网络

---

① https://github.com/hindupuravinash/the-gan-zoo

② 摘自 Mark Chang 的图片，PPT 来自 https://www.slideshare.net/ckmarkohchang/generative-adversarial-networks

就有类似在博弈中相互提升的例子，比如"道高一尺，魔高一丈"。打一个常见的比方，生成器是一个伪造名画的赝品商人，判别器是一个鉴定名画的收购专家。商人每次都生产一批画作给专家鉴定，那种一眼就被专家看出来是假货的样式，下次就不生产了，那些不容易看出来的就继续照着原样生产。专家也不是省油的灯，晚上下班之后也回去研究，拿一些真画和赝品商人的假画对比（假如有上帝告诉他哪些是真的，哪些是赝品），继续提高鉴别能力。第二天赝品商人和鉴定专家又开始了一个新的回合的较量。

最后的结局有两种情况，第一种是赝品商人的雕虫小技被鉴定专家识破，鉴定专家基本能全部鉴定真假；第二种是赝品商人的技术炉火纯青，鉴定专家无法辨别画作的真伪，基本等于瞎猜。因为两者的学习是零和博弈问题，很难让两者同时都达到最佳水平。换言之，如果在某一时刻鉴定专家和赝品商人都达到了很好的水平，那就出现了"以子之矛攻子之盾"的结果。如果我们调整策略让鉴定专家的学习变得马虎一些，让赝品商人能够更充分地学习好，那么就可以制造取之不尽的赝品当成真正的名作来卖。回到我们模拟生成原始数据的场景中，如果生成器能够蕴含一个原始数据的生成分布，那么我们就可以做很多事情。在不需要额外标注的前提下，可以生成一些跟原始数据类似的数据。

## 2.5.1 对抗博弈

最直接简单的方式是定义两个多层感知机来构建对抗博弈，也就是生成器 $G$ 和判别器 $D$。为了学习生成器对数据 $x$ 的分布 $p_g$，我们在输入噪声变量 $p_z(z)$ 上定义一个先验信息，然后将对数据空间的映射表示为 $G(z;\theta_g)$，其中 $G$ 是由多层感知器表示的可微分函数，参数为 $\theta_g$。我们还定义了第二个多层感知器 $D(x;\theta_d)$，其输出是一个标量，输出 $D(x)$ 表示 $x$ 来自数据而非 $p_g$ 的概率。我们训练 $D$ 以最大化将正确标签分配给训练样本和来自 $G$ 的样本的概率。我们同时以最小化 $\log(1-D(G(z)))$ 为训练目标，从而得到 $G$。换句话说，$D$ 和 $G$ 在博弈一个极大极小二人游戏，其价值函数 $V(G,D)$ 如下式：

$$\min_G \max_D V(D,G) = E_{x\sim p_{data}(x)}[\log D(x)] + E_{z\sim p_z}[\log(1-D(G(z)))] \tag{2-42}$$

其中 $E$ 是数学期望。在实际实现过程中，我们需要使用迭代优化的方式来实现博弈。在优化 $D$ 的 $k$ 个批量和优化 $G$ 的一个步骤之间交替训练。这样 $D$ 会一直接近最优解，只要 $G$ 能够慢慢地变好。我们分开来讨论生成器和判别器。固定 $G$ 来优化 $D$ 时，这时 $G$ 被认为是一个固定的模型，其参数不会被更新，所以对于给定 $z$，$G(z)$ 是一个常数，其

价值函数为:

$$\max_D V(D, G) = E_{x \sim p_{data}(x)}[\log D(x)] + E_{z \sim p_z}[\log(1 - D(G(z)))] \tag{2-43}$$

当对 $G$ 喂入真实的数据 $p_{data}$ 时, 该价值函数为前半项 $\max_D = E_{x \sim p_{data}(x)}[\log D(x)]$。反之, 喂入采样自 $p_g$ 的数据时, 即噪音输入 $z$ 采样自 $p_z$, 该价值函数退化为 $E_{z \sim p_z}[\log(1 - D(G(z)))]$。由于 log 函数是一个单调递增的函数, 所以这个价值函数是希望判别器模型预测真实数据的结果越大, 而预测生成数据的结果越小。

固定 $D$ 来优化 $G$ 时, 这时 $D$ 被认为是一个固定的模型, 其参数不会被更新。当给定 $G(z)$ 也可以直接得到 $D(G(z))$, 不需要优化 $D$。由于训练生成器的时候不需要用到真实数据, 实际的价值函数为:

$$\min_G V(D, G) = E_{z \sim p_z}[\log(1 - D(G(z)))] \tag{2-44}$$

在实践中, 式子 (2-44) 可能没有提供足够的梯度让 $G$ 学好。因为学习初期, 当 $G$ 的表现不好时, $D$ 可以高信度地拒绝样本。在这种情况下, $\log(1 - D(G(z)))$ 处于饱和的状态。既然如此, 公式 (2-43) 提出训练 $G$ 来最大化 $D(G(z))$, 而不是训练 $G$ 来最小化 $\log(1 - D(G(z)))$。这两种优化方式有着相同的动力学不动点, 但是可以在前期提供更强的梯度。

## 2.5.2 理论推导

GAN 的总体价值函数如式 (2-42), 当我们实际训练时, 其 $x$ 和 $z$ 只能是一个离散采样序列。而在进行理论分析的时候我们需要考虑所有的 $x$ 和 $z$, 即考虑一个连续的分布。于是我们直接将期望写成积分的形式:

$$\begin{aligned}
V(D, G) &= E_{x \sim p_{data}(x)}[\log D(x)] + E_{z \sim p_z}[\log(1 - D(G(z)))] \\
&= \int_x p_{data}(x) \log(D(x))\mathrm{d}x + \int_z p_z(z) \log(1 - D(G(z)))\mathrm{d}z \\
&= \int_x p_{data}(x) \log(D(x))\mathrm{d}x + \int_x p_z(G^{-1}(x) \log(1 - D(x))(G^{-1})'(x)\mathrm{d}x \quad (2\text{-}45) \\
&= \int_x p_{data}(x) \log(D(x))\mathrm{d}x + \int_x p_g(x) \log(1 - D(x))\mathrm{d}x \\
&= \int_x p_{data}(x) \log(D(x)) + p_g(x) \log(1 - D(x))\mathrm{d}x
\end{aligned}$$

式（2-45）中，第三行的改写式子基于 $x$ 和 $z$ 之间的变换，做了一个换元。因为 $x = G(z)$，有 $z = G^{-1}(x)$，其中 $G^{-1}$ 是 $G$ 的逆函数，实际上 $G^{-1}$ 函数我们在训练时不关心，在做理论的推导和分析时假设其可逆。其物理含义为将生成器的输入输出倒置，反向从 $x$ 生成 $z$。我们容易得到 $\mathrm{d}z = (G^{-1})'(x)\mathrm{d}x$ 和 $p_g(x) = p_z(z)(G^{-1})'(x) = p_z(G^{-1}(x))(G^{-1})'(x)$。

训练 $D$ 时的目标是让 $V$ 更大。我们对该 $\max\limits_{D} V(D, G)$ 求导，让其导函数等于 $0$，以获得极值。

$$\frac{1}{\partial D(x)} \partial(p_{data}(x)\log(D(x)) + p_g(x)\log(1 - D(x))) = 0 \tag{2-46}$$

得到最后的解为

$$\frac{p_{data}(x)}{D(x)} = \frac{p_g(x)}{1 - D(x)} \Rightarrow D_G^*(x) = \frac{p_{data}(x)}{p_{data}(x) + p_g(x)} \tag{2-47}$$

假设我们已经训练好 $D$，得到最优解 $D_G^*$，我们接着来训练 $G$。$G$ 的目标是最小价值 $V(D, G)$，也就是该价值函数是其损失函数。将最优解 $D_G^*$ 代入到式（2-45）最后一行的 $D$ 中，有

$$
\begin{aligned}
Cost(G) &= \min_G V(D_G^*, G) \\
&= E_{x \sim p_{data}(x)} \log(D_G^*) + E_{x \sim p_g(x)} \log(1 - D_G^*) \\
&= E_{x \sim p_{data}(x)} \log\left(\frac{p_{data}(x)}{p_{data}(x) + p_g(x)}\right) \\
&\quad + E_{x \sim p_g(x)} \log\left(1 - \frac{p_{data}(x)}{p_{data}(x) + p_g(x)}\right) \\
&= E_{x \sim p_{data}(x)} \log\left(\frac{p_{data}(x)}{p_{data}(x) + p_g(x)}\right) \\
&\quad + E_{x \sim p_g(x)} \log\left(1 - \frac{p_{data}(x)}{p_{data}(x) + p_g(x)}\right) - \log 4 + 2\log 2 \\
&= -\log 4 + E_{x \sim p_{data}(x)} \log\left(\frac{p_{data}(x)}{(p_{data}(x) + p_g(x))/2}\right) \\
&\quad + E_{x \sim p_g(x)} \log\left(1 - \frac{p_{data}(x)}{(p_{data}(x) + p_g(x))/2}\right) \\
&= -\log 4 + KL\left(p_{data}(x)||\frac{p_{data}(x) + p_g(x)}{2}\right) \\
&\quad + KL\left(p_{data}(x)||\frac{p_g(x) + p_g(x)}{2}\right)
\end{aligned}
\tag{2-48}
$$

$KL$ 散度是一个非对称描述两个分布之间差异的函数，其值大于等于 $0$，当前仅当两个分布一致时取极小值 $0$。由此可得优化生成器 $G$ 的损失的函数在如下情况取得极小

值：

$$\begin{cases} p_{data}(x) = \dfrac{p_{data}(x) + p_g(x)}{2} \\ p_g(x) = \dfrac{p_{data}(x) + p_g(x)}{2} \end{cases} \Rightarrow p_{data}(x) = p_g(x) \tag{2-49}$$

此时优化生成器 $G$ 的损失的函数取得它的理论最小值 $-\log 4$。

得到的目标就是生成器生成的数据分布和真实数据的分布完全相同时会让损失函数最小。

## 2.5.3　常见的生成对抗网络

基于经典的 GAN，还有一些比较有影响力的 GAN 变种，包括但不限于：

（1）**CGAN**。传统的 GAN 是一种无条件（Unconditional）的 GAN，基于纯无标注数据的 GAN 网络生成器的输入是随机的向量，无法控制图像的生成。为了可以控制 GAN 生成特定目的图像，CGAN（Conditional GAN）应运而生，给 GAN 的图像生成加上额外的条件（比如类别标签）作为上下文，让 GAN 网络的生成与当前的条件上下文息息相关，但是同时也需要原始图像和上下文条件配对的数据。后续的 CycleGAN、DualGAN 尝试降低 CGAN 对配对数据的依赖。CGAN 的生成器和判别器都会额外喂入一个条件变量 y 作为输入，其价值函数定义为

$$\min_G \max_D V(D,G) = E_{x \sim p_{data}(x)}[\log D(x|y)] + E_{z \sim p_z}[\log(1 - D(G(z|y)))] \tag{2-50}$$

（2）**DCGAN**。（Deep Convolutional Generative Adversarial Networks）DCGAN 最主要的变化是替换掉原来的多层感知机，采用深度卷积网络来作为生成器和判别器的基础组件，并且还有很多优化技巧的改进让深度卷积网络工作得更好。由于采用表达能力更强的深度神经网络，DCGAN 可以更好地生成二维甚至更高维的图像。后续的工作还包括 StackGAN，它让生成的图片分辨率越来越高。

（3）**GGAN**。传统的 GAN 的训练很不稳定，平衡生成器和判别器的训练速度是一个艺术活儿。而且训练往往直接生成与原始图片一模一样的照片（mode collapse），不能生成多样性样本。WGAN 是其中最具代表性的工作，它提出了新的距离度量损失函数等一系列 trick，使得 GAN 训练的稳定性、鲁棒性和最终效果都得到了很好的加强[1]。

---

① 见知乎专栏：令人拍案叫绝的 Wasserstein GAN, https://zhuanlan.zhihu.com/p/25071913

（4）**SeqGAN**。GAN 在生成图像上有了很大的进展，但是在生成文本的时候遇到了瓶颈。生成的图像像素是连续的，模型参数的变化可以慢慢地改变输出的像素值，比如 RGB 通道的某位置像素从 151 变成了 152。但是生成文本时，如果这次生成了词索引为 151 的词，细微地改变模型参数之后，却无法确定近邻连续的 152 号索引的词是哪一个。SeqGAN 利用增强学习来解决生成离散数据时不可导的问题，生成器通过生成完整的句子再获得判别器的奖励方式以更新生成器，这种增强学习的方式为 GAN 生成离散文本序列的训练提供了可能性，但是同时也使训练变得不稳定，当前 GAN 在生成文本分类方面面临的挑战依然很大。SeqGAN 打开了 GAN 在 NLP 上应用的一扇大门，感兴趣的读者可以去了解 Texygen 平台，它是一个新的 GAN 文本生成评测平台，提供了最新的基于 GAN 的文本生成模型[①]。

一些比较经典 GAN 的应用包括：数据增强、草图生成实图、生成高分辨率的照片、拍照美颜等，读者有兴趣可以了解 Pix2pix 项目。[②]

---

① 项目链接：https://github.com/geek-ai/Texygen
② 项目链接：https://github.com/phillipi/pix2pix

# 第3章

## TensorFlow平台

在前面几节中，我们看到实现深度学习，需要比较复杂的反向传播计算，所以对于初学者来说，需要引入好的深度学习框架，以减少这些重复编码工作，提高我们的工作效率。下面我们先介绍 TensorFlow 平台。

## 3.1　什么是 TensorFlow

TensorFlow 是谷歌基于 DistBelief 进行研发的第二代人工智能学习系统，该命名来源于其本身的运行原理。"Tensor"（张量）意味着 N 维数组，"Flow"（流）意味着基于数据流图的计算，"TensorFlow"为张量从数据流图的一端流动到另一端的计算过程。TensorFlow 是将复杂的数据结构传输至人工智能神经网络中进行分析和处理的系统。

TensorFlow 最初由 Google Brain 小组（隶属于 Google 机器智能研究机构）的研究员和工程师们开发出来，用于机器学习和深度神经网络方面的研究，但这个系统的通用性使其也可广泛用于其他计算领域。2015 年 11 月，谷歌开源了其用来制作 AlphaGo 的深度学习系统 TensorFlow，但是当时的 TensorFlow 只能在 Linux 平台上使用。2016 年 11 月，Google Brain 工程师团队宣布 TensorFlow 0.12 版本支持 Windows 原生操作系统。2017 年，TensorFlow 终于推出了 1.0 版本，这标志着应用最广泛、使用人数最多的深度学习平台 TensorFlow 推出了正式版。如今，在谷歌的语音搜索、广告、电商、图片、街景图、翻译、YouTube 等众多产品之中都可以看到基于 TensorFlow 的系统。在经过半年的尝试和思考之后，谷歌的 DeepMind 团队也正式宣布其之后所有的研究都将使用 TensorFlow 作为实现深度学习算法的工具。

除了在谷歌内部大规模使用之外，TensorFlow 也受到了工业界和学术界的广泛关注。在 Google I/O 2016 大会上，Jeff Dean 提到已经有 1500 多个 GitHub 的代码库中提到了

TensorFlow，而其中只有 5 个是谷歌官方提供的。如今，包括优步（Uber）、Snapchat、Twitter、京东、小米等国内外科技公司也纷纷加入了使用 TensorFlow 的行列。正如谷歌在说明 TensorFlow 开源原因时所提到的一样，TensorFlow 正在建立一个标准，以使学术界可以更方便地交流学术研究成果，工业界可以更快地将机器学习应用于生产之中。

TensorFlow 之所以应用如此广泛，主要是因为包括以下特性[①]。

**灵活性** TensorFlow 不是一个严格的"神经网络"库。只要你可以将计算表示为数据流图，你就可以使用 TensorFlow。你来构建图，描写驱动计算的内部循环，TensorFlow 提供了有用的工具来帮助你组装"子图"（常用于神经网络），当然用户也可以在 TensorFlow 基础上写自己的"上层库"。

**可移植性** TensorFlow 在 CPU 和 GPU 上运行，比如可以运行在台式机、服务器、手机等移动设备上。想要在没有特殊硬件的前提下应用人工智能，使用 TensorFlow 可以办到这点。另外如果你想把自己的训练模型放在多个 CPU 上规模化运算，又不想修改代码，TensorFlow 也可以帮你实现。

**将科研和产品联系在一起** 过去如果要将科研中的机器学习算法应用到产品当中，需要大量的代码重写工作。而在 Google，科学家用 TensorFlow 尝试新的算法，产品团队则用 TensorFlow 来训练和使用计算模型，并直接提供给在线用户。使用 TensorFlow 可以让应用型研究者将想法迅速运用到产品中，也可以让学术性研究者更直接地彼此分享代码，从而提高科研产出率。

**自动求微分** 基于梯度的机器学习算法会受益于 TensorFlow 自动求微分的能力。作为 TensorFlow 用户，你只需要定义预测模型的结构，将这个结构和目标函数（objective function）结合在一起，并添加数据，TensorFlow 将自动为你计算相关的微分。计算某个变量相对于其他变量的导数仅仅是通过扩展你的图来完成的，所以你能一直清楚地看到究竟在发生什么。

**多语言支持** TensorFlow 有一个合理的 C++ 使用界面，也有一个易用的 Python 使用界面，可以构建和执行你的 graphs。你可以直接写 Python/C++ 程序，也可以用交互式的 iPython 界面来用 TensorFlow 尝试一些想法，它可以帮你将笔记、代码、可视化等有条理地归置好。当然这仅仅是个起点 —— 我们希望能鼓励你创造自己最喜欢的语言界面，比如 Go、Java、Lua、JavaScript，或者是 R。

---

① 特性介绍来自于 TensorFlow 官网（heeps://www.tensorflow.org）

**性能最优化**　比如说你有一台 32 个 CPU 内核、4 个 GPU 显卡的工作站，怎样将它的计算潜能完全发挥出来？TensorFlow 给予了线程、队列、异步操作等以最佳的支持，让你可以将你手边硬件的计算潜能全部发挥出来。你可以自由地将 TensorFlow 图中的计算元素分配到不同设备上，TensorFlow 可以帮你管理好这些不同副本。

# 3.2　TensorFlow 安装指南

目前 TensorFlow 已支持在 Windows/Linux/Mac OS X 三种系统上运行。

## 3.2.1　Windows 环境安装

**安装 Anaconda**　Anaconda 可以帮助管理不同版本的 Python 和包。大家常用的基本上都是 Python2.7，但 Windows 版本的 TensorFlow 需要 Python3.5 的支持。使用 Anaconda 后，可以不用修改目前系统所用的环境变量，单独安装 Python3.5 的环境即可。

Anaconda 下载地址：https://mirrors.tuna.tsinghua.edu.cn/help/anaconda/（这是清华大学的镜像，下载速度较官网快很多，建议下载 4.2 版本）

**创建 Anaconda 环境**

1. 启动 Anaconda Prompt。
2. 进入命令行模式后，依次输入：

```
##安装相关依赖
conda create -n tensorflow Python=3.5
##创建环境
activate tensorflow
```

**安装 CPU 版本的 TensorFlow**　在 Anaconda 中执行

```
pip install --ignore-installed -upgrade  https://storage.googleapis.com/
    tensorflow/windows/cpu/tensorflow-0.12
.0-cp35-cp35m-win_amd64.whl
```

安装完成后，其实已经可以使用 TensorFlow 了。进入 Python，导入 tensorflow 包，一般若能正常导入，就表示安装成功了。

**安装 GPU 版本的 TensorFlow**　TensorFlow 的 GPU 特性只支持 NVIDIA Compute Capability >= 3.5 的显卡。支持的显卡包括但不限于:NVidia Titan、NVidia Titan X、NVidia K20、NVidia K40。具体可至官网查询。

1. 安装官网的显卡驱动。

2. 安装 CUDA 8.0:https://developer.nvidia.com/cuda-downloads。

3. 安装 cuDNN:https://developer.nvidia.com/rdp/cudnn-download(注意这里要下载 5.1 版本的,更高版本存在兼容问题)。

4. 在 Anaconda 中执行。

```
pip install --upgrade https://storage.googleapis.com/tensorflow/windows/
    gpu/tensorflow
_gpu-0.12.1-cp35-cp35m-win_amd64.whl
```

5. 第一次安装可能会报 No module named pywrap-tensorflow and/or DLL load failed 这个错误,这是因为缺少 msvcp140.dll,需要下载 Visual C++ 2015 redistributable(x64 version)。并安装

6. 验证是否成功,如图 3.1 所示。

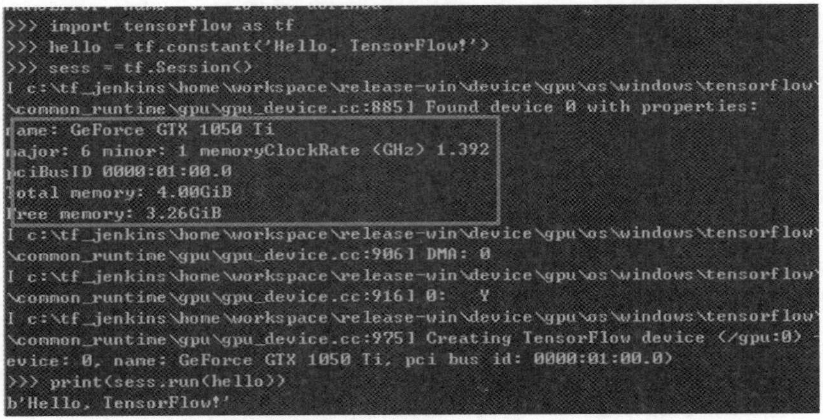

图 3.1　TensorFlow 安装截图

## 3.2.2　Linux 环境安装

**安装 CPU 版本的 TensorFlow**　Linux 环境安装相对于 windows 来说简单很多,只需先安装 Python2.7,再执行以下命令:

```
## 仅使用CPU 的版本
pip install
   https://storage.googleapis.com/tensorflow/linux/cpu/tensorflow-0.5.0
-cp27-none-linux_x86_64.whl
```

**安装 GPU 版本的 TensorFlow**　为了编译并运行能够使用 GPU 的 TensorFlow, 需要先安装 NVIDIA 提供的 CUDA Toolkit 7.0 和 cuDNN 6.5 V2。

TensorFlow 的 GPU 特性只支持 NVidia Compute Capability $\geqslant$ 3.5 的显卡。支持的显卡包括但不限于 NVidia Titan、NVidia Titan X、NVidia K20、NVidia K40。具体可至官网查询。

1. 下载并安装 CUDA Toolkit 7.0, 将工具安装到诸如/usr/local/cuda 之类的路径。

2. 下载并安装 cuDNN Toolkit 6.5, 解压并拷贝 cuDNN 文件到 CUDA Toolkit 7.0 安装路径下, 假设 CUDA Toolkit 7.0 安装在/usr/local/cuda, 执行以下命令:

```
tar xvzf cudnn-6.5-linux-x64-v2.tgz
sudo cp cudnn-6.5-linux-x64-v2/cudnn.h /usr/local/cuda/include
sudo cp cudnn-6.5-linux-x64-v2/libcudnn* /usr/local/cuda/lib64
```

3. 配置 TensorFlow 的 CUDA 选项。

```
$ ./configure
Do you wish to bulid TensorFlow with GPU support? [y/n] y
GPU support will be enabled for TensorFlow

Please specify the location where CUDA 7.0 toolkit is installed. Refer to
README.md for more details. [default is: /usr/local/cuda]: /usr/local/
   cuda

Please specify the location where CUDNN 6.5 V2 library is installed.
   Refer to
README.md for more details. [default is: /usr/local/cuda]: /usr/local/
   cuda

Setting up Cuda include
Setting up Cuda lib64
Setting up Cuda bin
Setting up Cuda nvvm
```

```
Configuration finished
```

这些配置将建立到系统 CUDA 库的符号链接。每当 CUDA 库的路径发生变更时，必须重新执行上述步骤，否则无法调用 bazel 编译命令。

4. 编译目标程序，开启 GPU 支持，从源码树的根路径执行：

```
$ bazel build -c opt --config=cuda tensorflow/cc:tutorials_example_trainer
$ bazel-bin/tensorflow/cc/tutorials_example_trainer --use_gpu
```

注意，GPU 支持需通过编译选项"–config=cuda"开启。

## 3.3 TensorFlow 基础

为了方便读者了解 TensorFlow 的运行原理，本节介绍 TensorFlow 中的基础概念，并且用简单的例子来进行说明。TensorFlow 中的计算通过两步来执行，第一步定义一个计算图；第二步通过会话（Session）来执行图中的操作。

### 3.3.1 数据流图

TensorFlow 中用于构建计算的方式是数据流图（Data Flow Graphs）。数据流图由节点和边组成，其中，节点代表数值操作（比如加法、乘法、卷积和池化等），边代表流动的张量。一次计算由输入节点开始，产生的张量在图中流动，经过不同操作节点时进行各种数值计算，最后产生张量结果输出。

**张量** TensorFlow 中的数据都使用张量（Tensor）来表示。张量是一个 N 维的数组。举例来说，零维张量就是数字（scalar，标量）；一维张量就是向量（vector）；二维张量就是矩阵。

**操作** TensorFlow 中的计算操作通过操作（Operation）来进行。操作是数据流图中的一个节点，对张量进行操作。一个操作节点的输入是零个或者多个张量对象，输出是零个或者多个张量。操作对象通过调用 Python 操作初始化（比如 `tf.matmul` 或者 `tf.Graph.create_op`）来得到。

在下面的例子中，我们来构建一个简单的计算图。每个节点将零个或多个张量作为输入，并产生张量作为输出。一种类型的节点是一个常量。像所有的 TensorFlow 常量一样，它不需要输入，而是输出一个内部存储的值。我们可以创建两个浮点 Tensors node1，node2，如下所示：

```
node1 = tf.constant(3.0, dtype=tf.float32)
node2 = tf.constant(4.0)
node3 = tf.add(node1, node2)
```

其中，`tf.add` 是一个操作，输入是 node1 和 node2，输出是 node3。

### 3.3.2　会话

会话（Session）是 TensorFlow 中用于控制数据流图执行的对象。运行 `session.run()` 可以执行你想要运算的部分获得运算结果。为了进行计算，数据流图需要在会话中启动，而会话会将图的操作分发到 CPU 或者 GPU 等设备执行后返回 Tensor 结果。

下面的代码创建了一个 Session 对象，然后调用它的 run 方法来运行足够的计算图来评估 node1 和 node2。

```
sess = tf.Session()
print(sess.run([node1, node2, node3]))
[3.0, 4.0, 7.0]
```

### 3.3.3　图可视化

TensorFlow 提供了一个名为 TensorBoard 的实用程序，可以显示计算图的图像。图 3.2 显示了 TensorBoard 如何将图形可视化：

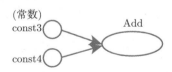

图 3.2　TensorBoard 计算

### 3.3.4　变量

TensorFlow 中通过变量（Variable）来维护图执行过程中的状态信息。变量在计算过程中是可变的，并且在训练过程中会自动更新或优化，常用于模型参数。变量必须先被初始化（initialize），然后可以在训练时和训练后保存（save）到磁盘中或者再恢复（restore）保存的变量值来训练和测试模型。

### 3.3.5　占位符

占位符（Placeholder）用来给计算图提供输入，常用于传递训练样本。

### 3.3.6　优化器

TensorFlow 提供了优化器（Optimizer），可以按照一定的规则优化每个变量以最大限度地减少损失函数。最简单的优化器是梯度下降，它根据相对于该变量的损失导数的大小来修改每个变量。TensorFlow 优化器提供机器学习的绝大多数常见的优化器，使得用户省去了手动更新变量的烦琐程序。

比如下面的代码定义了一个梯度下降优化器用于最小化 loss。

```
optimizer = tf.train.GradientDescentOptimizer(0.01)
train = optimizer.minimize(loss)
```

### 3.3.7　一个简单的例子

学习了前面 TensorFlow 中的基础概念，我们通过一个简单的例子来说明 TensorFlow 完整的训练过程。

```
from tensorflow.examples.tutorials.mnist import input_data
import tensorflow as tf

def main(_):
  #输入数据
  mnist = input_data.read_data_sets(FLAGS.data_dir, one_hot=True)

  #创建模型
  x = tf.placeholder(tf.float32, [None, 784])
  W = tf.Variable(tf.zeros([784, 10]))
  b = tf.Variable(tf.zeros([10]))
  y = tf.matmul(x, W) + b

  # 定义损失函数cross_entropy和优化器
```

```
y_ = tf.placeholder(tf.float32, [None, 10])
cross_entropy = tf.reduce_mean(
    tf.nn.softmax_cross_entropy_with_logits(labels=y_, logits=y))
train_step = tf.train.GradientDescentOptimizer(0.5).minimize(cross_entropy)

#定义会话
sess = tf.InteractiveSession()
tf.global_variables_initializer().run()
#训练
for _ in range(1000):
  batch_xs, batch_ys = mnist.train.next_batch(100)
  sess.run(train_step, feed_dict={x: batch_xs, y_: batch_ys})

#测试训练得到的模型
correct_prediction = tf.equal(tf.argmax(y, 1), tf.argmax(y_, 1))
accuracy = tf.reduce_mean(tf.cast(correct_prediction, tf.float32))
print(sess.run(accuracy, feed_dict={x: mnist.test.images,
                                    y_: mnist.test.labels}))
```

其中，mnist 是 TensorFlow 提供的示例用的 MNIST 数据集，我们在这个例子中使用的是 Softmax 模型。首先，定义了模型 $y = Wx + b$ 需要的参数 W 和 b，以及输入 x。接着，定义了模型的损失函数和优化器。然后在会话 sess 中反复对于不同的输入，使用优化器对模型进行优化。最后，使用测试集对模型结果进行测试，得到测试精度 accuracy。

# 3.4  其他深度学习平台

**Keras**  Keras 的句法非常简单明晰，它的文档也非常好，而且支持 Python。Keras 的使用也非常简单，可以很直观地了解它的指令、函数和每个模块之间的链接方式。Keras 是一个非常高层的库，可以工作在 Theano 和 TensorFlow 之上。另外，Keras 强调极简主义 —— 你只需几行代码就能构建一个神经网络。参考链接：https://keras.io/。

**Caffe**  Caffe 不只是最老牌的框架之一，而是老牌中的老牌。Caffe 有非常好的特性，但也有一些小缺点。起初的时候它并不是一个通用框架，而是仅仅关注计算机视觉，但它具有非常好的通用性。Caffe 的缺点是不够灵活。如果你想给它来一点新改变，那你就需要使用 C++ 和 CUDA 编程，不过你也可以使用 Python 或 MATLAB 接口进行一些小改动。Caffe 的文档非常贫乏，需要花大量时间检查代码才能理解它。Caffe 的最大缺点之一是它的安装，它需要解决大量的包依赖问题。但在计算机视觉领域里，Caffe 是无可争议的领导者，它非常稳健，非常快速。建议用 Keras 进行实验和测试，然后迁移到 Caffe 中用于生产环境。参考链接：http://caffe.berkeleyvision.org/。

**Theano** Theano 是最老牌和最稳定的库之一。深度学习库的开端不是 Caffe 就是 Theano。和 TensorFlow 类似，Theano 是一个比较底层的库。因此它并不适合深度学习，而更适合数值计算优化。它支持自动的函数梯度计算，带有 Python 接口并集成了 Numpy，这使得它从一开始就成为了通用深度学习领域最常使用的库之一。但由于 Theano 不支持多 GPU 和水平扩展，在 TensorFlow 的热潮下，Theano 已经逐渐被遗忘了。参考链接：http://deeplearning.net/software/theano/。

**MXNet** MXNet 是作者推荐的另一个优秀的深度学习框架，支持大多数编程语言，包括 Python、R、C++、Julia 等。亚马逊把 MXNet 列为其深度学习的参考库并宣称其具有巨大的横向扩展能力。参考链接：https://github.com/dmlc/mxnet。

**Torch** Torch 是一个很著名的框架，由 Facebook 进行维护，Torch 的编程语言是 Lua。在目前深度学习编程语言绝大部分以 Python 实现为主的大趋势下，一个以 Lua 为编程语言的框架的最大劣势莫过于此。如果你想使用 Torch 这个工具，毫无疑问你需要先学习 Lua 语言。参考链接：http://torch.ch/。

**PyTorch** 由于 Lua 语言在数据学科和人工智能学科并不是太受欢迎，支持 Python 的 PyTorch 应运而生。PyTorch 使用动态图模型，更加方便地定制网络结构，特别受到科研人员的欢迎。最近 Facebook 宣布，Caffe2 的代码将全部并入 PyTorch，这也给未来的 PyTorch 赋予了更大的潜力。同时，PyTorch 中的 Tensor 和 Numpy 中的数组可以很方便地进行转换，便于用户的使用。在 PyTorch 中使用 GPU 进行计算很简单，通过调用.duda（）方法，很容易实现 GPU 支持。

**DL4J** DL4J 的文档写得非常好，里面的文件很清晰，有理论阐述，也有代码案例。DL4J 兼容 JVM，适用于 Java、Clojure 和 Scala。DL4J 背后的公司 Skymind 的 Twitter 账号非常活跃，不断公开最新的科学论文、案例和教程，推荐大家关注。参考链接：https://deep-learning4j.org/。

**Cognitive Toolkit**　Cognitive Toolkit 由微软研发支持，从公开的基准测试上的表现来看，这个工具似乎很强劲，支持纵向和横向的推移。到目前为止，Cognitive Toolkit 似乎不是很流行。Cognitive Toolkit 在 Python 上的语法和 Keras 非常类似（Cognitive Toolkit 也支持 C++）。参考链接：https://github.com/Microsoft/CNTK。

**Lasagne**　Lasagne 是一个工作在 Theano 之上的库。它的使命是简化一点深度学习算法之下的复杂计算，同时也提供了一个更加友好的接口（也是 Python 的）。这是一个老牌的库，并且很长时间以来它都是一个扩展能力很强的工具；但是它的发展速度赶不上 Keras。它们的适用领域都差不多，但 Keras 有更好的、更完整的文档。参考链接：http://lasagne.read-thedocs.io/en/latest/index.html。

**DSSTNE**　DSSTNE 的发音同 Destiny，这个框架不具有普适性，不是为一般常见任务所设计的。DSSTNE 框架只做一件事 —— 推荐系统，但它把这件事做到了极致。"既不是为研究而设计，也不是为测试 idea 而设计"（来自其官方网站的宣传语），DSSTNE 框架是为量产而设计的。DSSTNE 框架通过 GPU 运行，不同于本书中分析的其他框架或者库，这个框架不支持使用者随意在 CPU 和 GPU 之间切换。DSSTNE 还不是一个足够成熟的项目，而且它封装得太严密了（black box）。如果我们想深入了解这个框架的运行机制，必须且只能去看它的源码，并且需要完成很多必须完成的设置（TODO）才可以看到。同时，关于这个框架的在线教程不多，而能让开发者进行操作尝试的指导就更少了。参考链接：https://github.com/amznlabs/amazon-dsstne。

　　值得提及的是，由微软和 Facebook 发起的开源人工智能项目 ONNX（Open Neural Network Exchange），也受到了亚马逊 AWS 的支持。该项目致力于可靠地导出和导入 Torch、Caffe、TensorFlow、Theano、Chainer、Caffe2、PyTorch 和 MXNet 等工具和引擎。所以开发者可以将主要精力放到选用一款得心应手的框架来实现自己所需的功能，不必过多在意未来不同开源框架的发展和消亡。

# 第 **4** 章

# 推荐系统的基础算法

推荐系统的主要功能是以个性化的方式帮助用户从极大的搜索空间中快速找到感兴趣的对象。在推荐系统的众多算法中，基于内容的推荐与基于领域的推荐在实践中得到了最广泛的应用。其中基于领域的算法又分为两大类，一类是基于用户的协同过滤算法，这种算法从用户的兴趣相似出发，给用户推荐与其兴趣相似的其他用户喜欢的物品；另一类是基于物品的协同过滤算法，这种算法更容易理解，就是直接给用户推荐和他之前喜欢的物品相似的物品。本章就重点为读者介绍基于内容的推荐与基于领域的推荐算法。同时，采用以上算法，可能会有冷启动等问题存在，结合深度学习的方法，本章也给出了几个采用深度学习算法解决冷启动问题的实例。

## 4.1　基于内容的推荐算法

基于内容的推荐系统本质是对内容进行分析，建立特征；基于用户对何种特征的内容感兴趣以及分析一个内容具备什么特征来进行推荐。本节的第一部分介绍了基于内容的推荐系统的基本概念与流程，及其主要优势和缺点。本节的第二部分则介绍了如何从非结构化信息中提取物品的特征，从而帮助我们完善基于内容的推荐。

### 4.1.1　基于内容的推荐算法基本流程

一般来说，物品都有一些关于内容的分类，例如书籍有科技、人文、工具等分类，电影有战争、爱情、喜剧等分类，商品有食物、衣物、家电等分类。而基于内容的推荐，就是根据这些物品的内容属性和用户历史评分或操作记录，计算出用户对不同内容属性的爱好程度，再根据这些爱好推荐其他相同属性的物品。举个简单的例子（见表 4.1），假设每一部电影，都由爱情、科幻属性组成：

表 4.1　用户 A 和 B 的评分矩阵

| 电影名称 | 爱情 | 科幻 | 用户 A | 用户 B |
|---|---|---|---|---|
| 银河护卫队 | / | 1 | 5 分 | ? |
| 变形金刚 | / | 1 | 4 分 | 2 分 |
| 星际迷航 | / | 1 | 5 分 | 3 分 |
| 独立日 | / | 1 | ? | 2 分 |
| 七月与安生 | 1 | / | ? | 3 分 |
| 三生三世 | 1 | / | 3 分 | ? |
| 美人鱼 | 1 | / | 2 分 | 3 分 |
| 北京遇上西雅图 | 1 | / | 2 分 | 5 分 |
| 美人鱼 | 1 | / | 2 分 | 3 分 |
| 北京遇上西雅图 | 1 | / | 2 分 | 5 分 |

　　用户 A 对《银河护卫队》《变形金刚》《星际迷航》三部科幻电影都有评分，平均分为 4.7 分（（5+4+5）/3=4.7）；对《三生三世》《美人鱼》《北京遇上西雅图》三部爱情电影评分平均分为 2.3 分（（3+2+2）/3=2.3）。那么很明显，用户 A 对科幻电影有明显的偏好。当推荐系统预测用户 A 在《独立日》上的评分时，可以用 A 在所有科幻电影上的平均分 4.7 分替换；类似地，可以预测用户 A 在《七月与安生》的评分为 2.3 分，因此推荐系统优先将《独立日》推荐给用户 A。对于用户 B，在爱情电影上平均分更高，故而推荐系统会将《三生三世》推荐给用户 B。实际上，在很多视频 APP 中，都有类似的基于内容的推荐方法，见图 4.1。

　　我们可以将内容推荐的基本方法归纳为以下 3 个步骤。

　　（1）特征（内容）提取：提取每个待推荐物品的特征（内容属性），例如上文提到的电影、书籍、商品的分类标签等。在下一节中会具体介绍几种物品内容特征的提取方法。

　　（2）用户偏好计算：利用一个用户过去的显式评分或者隐式操作记录，计算用户不同特征（内容属性）上的偏好分数。计算偏好分数的方法，可以直接使用统计特征，即计算用户在不同标签下的分数，以上文为例，用户 A 在科幻下的分数为（5+4+5）/3=4.7。在某些推荐场景下，对时间比较敏感，用户的兴趣迁移比较快，在计算偏好得分的时候会增加时间因子，例如用户 A 在科幻下的分数为 $(5*\alpha^{difftime1}+4*\alpha^{difftime2}+5*\alpha^{difftime3})/3$，其中 $\alpha$ 取小于 1 的数值，值越小时间衰减越快，$difftime$ 是用户对该物品评分时到现在的时间间隔。

图 4.1 腾讯视频 APP 推荐页面

（3）内容召回：将待推荐物品的特征与用户偏好得分匹配，取出用户最有可能喜欢的物品池。用上面的例子来说，对于用户 $A$，最有可能喜欢的物品池是科幻电影的物品池；对于用户 $B$，最有可能喜欢的物品池是爱情电影的物品池。

（4）物品排序：按用户偏好召回物品池，可能一次性挑选出很多内容，这时候我们可以进一步根据这些电影的平均分进行排序。例如对于用户 $A$，科幻电影的推荐池有《独立日》《星球大战》《变形金刚》等多部作品，但是其他用户对《独立日》的平均评分是 3.5 分，对于《星球大战》是 4.8 分，对于《变形金刚》是 3.1 分，这时系统可以进一步挑选平均分最高的《星球大战》推荐给用户 $A$。

通过以上四步，就可以快速构建一个推荐系统。并且基于内容的推荐方法用户易于理解，简单有效，常常和其他推荐方法共同应用于推荐系统中。

基于内容的推荐方法的优点是：

① 物品没有冷启动问题，因为物品的内容特征不依赖于用户数据；同时推荐出的物品不会存在过于热门的问题；

② 能为具有特殊兴趣爱好的用户进行推荐；

③ 原理简单，易于定位问题。

## 4.1.2　基于内容推荐的特征提取

上一节中介绍了基于内容进行推荐的基础流程，但是这种方法建立在物品已经有明确的内容特征的基础上。当数据库中并没有内容特征数据时，该如何处理？本节将进一步介绍内容的特征如何提取和计算。真实推荐系统中待推荐的物品往往都会有一些可以描述它的特征。这些特征通常可以分为两种：结构化的（structured）特征与非结构化的（unstructured）特征。所谓结构化特征就是特征的取值限定在某个区间范围内，并且可以按照定长的格式来表示。例如上面的电影类别特征，算法人员往往会和编辑提前约定好所有可选的电影类别，并把所有备选的电影都标注上这些类别标签。假如可选的电影类别有"爱情、剧情、科幻、战争、中国、日本、韩国、美国"共计 8 个类别（当然真实的分类远不止 8 个）。《星球大战》同时具有科幻和美国 2 个内容特征，那么它的结构化特征可用一个 8 位的二进制数表示。

**表 4.2　电影内容特征二进制表示**

| 爱情 | 剧情 | 科幻 | 战争 | 中国 | 日本 | 韩国 | 美国 |
| --- | --- | --- | --- | --- | --- | --- | --- |
| 0 | 0 | 1 | 0 | 0 | 0 | 0 | 1 |

其中 0 表示该电影不具备该特征，1 表示该电影具备该特征。

非结构化的特征往往无法按固定格式表示，最常见的非结构化数据就是文章。例如对推荐文章，我们往往会把文本上的非结构化特征转化为结构化特征，然后加入到模型中使用。下面我们就详细介绍如何把非结构化的文字信息结构化。

例如 $N$ 个待推荐文章的集合为 $D = \{d_1, d_2, d_3, \cdots, d_N\}$，而所有文章中出现的词的集合为 $T = \{t_1, t_2, t_3 \cdots, t_m\}$，下面将其称为词典（对于英文文本，可直接取单词；对于中文文章，需要先进行分词，常用的开源分词工具有结巴分词[①]、中科院分词等）。也就是说，我们有 $N$ 篇待推荐的文章，而这些描述里包含了 $m$ 个不同的词。我们最终要使用一个向量来表示每一篇文章，比如第 $j$ 篇文章表示为 $d_j = (w_{1j}, w_{2j}, \cdots, w_{nj})$，其中 $w_{1j}$ 表示第 1 个词 $t_{1j}$ 在第 $j$ 篇文章中的权重，该值越大表示越重要；$d_j$ 中其他向量的解释类似。所以，现在关键就是如何计算 $d_j$ 各分量的值了。有以下几种常见的计算方法。

（1）基础统计法：例如，如果词 $t_1$ 出现在第 $j$ 篇文章中，我们可以选取 $w_{1j}$ 为 1；如果 $t_1$ 未出现在第 $j$ 篇文章中，选取 $w_{1j}$ 为 0。我们也可以选取 $w_{1j}$ 为词 $t_1$ 出现在第 $j$ 个商品描述中的次数（frequency）。

---

① https://pypi.org/project/jieba/

（2）词频统计法：基础统计法，只考虑了词 $t_i$ 是否出现在某一篇文章中，并没有考虑其整体出现的频次。例如词 $k$ 是"我们"，第 $j$ 篇文章包含这个词，则 $w_{kj}$ 取 1。但这个词其实并没有信息量，因为很多文章都包含了"我们"，$w_{ki}$ 都会取 1。所以通常会引入词频–逆文档频率[①]。第 $j$ 篇文章与词典里第 $k$ 个词对应的 TF-IDF 为：$TF - IDF(t_k, d_j) = TF(t_k, d_j) \cdot \log \dfrac{N}{n_k}$，其中 $TF(t_k, d_j)$ 是第 $k$ 个词在第 $j$ 个商品描述中出现的次数，出现的次数越多，代表该词越重要，从而 $TF$ 值越大。而 $n_k$ 是包括第 $k$ 个词的文章数量，$n_k$ 越少，代表该词越稀有，越能代表这篇文章，从而 $TF$ 值越大。最终第 $k$ 个词在文章 $j$ 中的权重由下面的公式获得：

$$w_{k,j} = \frac{TF - IDF(t_k, d_j)}{\sqrt{\sum_{s=1}^{T} TF - IDF(t_k, d_j)^2}} \tag{4-1}$$

做归一化的好处是不同文字描述的表示向量被归一到一个量级上，便于下面步骤的操作。这时候我们已经获得每篇文章的内容特征向量，形如 $d_j = (w_{1j}, w_{2j}, \cdots, w_{nj})$，下一步就可以计算用户的内容偏好，比较直接的做法就是取用户喜欢文章的向量平均值。假设用户 k 喜欢第 1、3、7 篇文章，则该用户的内容特征向量为：$U_k = (d_{k1} + d_{k3} + d_{k7})/3 = (u_{1k}, u_{1k}, \cdots, u_{nk})$。那么用户 $k$ 在文章 $t$ 上的得分则可用以下余弦公式计算：

$$score = \cos\theta = \frac{U_k \cdot d_t}{||U_k||||d_t||} = \frac{\sum_{i=1}^{n} (u_{ik} \times w_{it})}{\sqrt{\sum_{i=1}^{n} u_{ik}^2} \times \sqrt{\sum_{i=1}^{n} w_{it}^2}} \tag{4-2}$$

实现计算的代码参考如下：

```
def CosSimilarCompute(U_k, W_t):
    if( len(U_k) != len(W_t) ):
        assert("user vector size not equals item vector ")
    if(len(U_k)==0):
        assert("user vector size  equal to 0")
    i = 0
    Score1 = 0
    Score2 = 0
```

---

[①] term frequency-inverse document frequency，简称 TF-IDF

```
Score3 = 0
while( i < len(U_k) ):
    Score1 = Score1 + U_k[i]*W_t[i]
    Score2 = Score2 + U_k[i]*U_k[i]
    Score3 = Score3 + W_t[i]*W_t[i]
    i = i+1
if(Score3==0 or Score2==0):
    assert("user or item vector equal to 0")
return Score1*1.0/(math.sqrt(Score2)*math.sqrt(Score3))
```

在实际项目中，我们并不需要自己定义余弦计算方法，可以直接调用 numpy.linalg 完成向量的计算。numpy.linalg 模块包含线性代数的函数。使用这个模块，可以计算逆矩阵、求特征值、解线性方程组以及求解行列式等。

```
##直接使用向量计算余弦距离
def cosSim(U_k, W_t):
    num = float(U_k.T*W_t)
    denom = linalg.norm(U_k)*linalg.norm(W_t)
    return 0.5+0.5*(num/denom)
```

这时推荐系统取得分 score 最高的文章推荐即可。余弦值的范围在 $[-1,1]$ 之间，值越趋近于 1，代表两个向量的方向越接近，用户越可能喜欢；值越趋近于 $-1$，它们的方向越相反，则用户越不可能喜欢。这样，我们就完成了文章这种不具备结构化内容特征的物品的推荐。

# 4.2　基于协同的推荐算法

基于内容的推荐方法用户易于理解，简单有效，但是它的缺点也十分明显。

（1）它要求内容必须能够抽取出有意义的特征，且要求这些特征内容有良好的结构性。

（2）推荐精度较低，相同内容特征的物品差异性不大。

因为以上这些原因，在推荐系统中基于内容的推荐往往会和其他方法混合使用。目前来说，推荐系统中最常见的算法就是基于邻域的算法。基于邻域的推荐算法可以分为两大类，一类是基于用户的协同过滤；另一种是基于物品的协同过滤。尿布和啤酒的故事在数据挖掘领域十分著名。这个故事的真实性有待考究，但是它切切实实说明了物品相关性在推荐时的重要性。该故事是说，在美国沃尔玛连锁店超市，尿布和啤酒总是摆在一起出售，但是这个奇怪的举措却使尿布和啤酒的销量双双增加了。原来，美国的妇女们经常会嘱咐她们的丈夫下班以后要为孩子买尿布。而丈夫在买完尿布之后又要顺手买回自己爱喝的啤酒，因此啤酒和尿布在一起购买的机会还是很多的。是什么让沃尔玛发现了尿布和啤酒之间的关系呢？正是商家通过对超市一年多的原始交易数据进行详细的分析，才发现了这对神奇的组合。事实上，现在主流的电商平台上，都是基于该思想进行推荐，比如因为你购买了鼠标，所以给你推荐键盘；因为你购买了手机壳，所以给你推荐手机贴膜。

协同过滤算法起源于 1992 年，被 Xerox 公司用于个性化定制邮件系统。类似于如今知乎、果壳会为你发送个性化的邮件那样，Xerox 公司也想知道它的用户对什么感兴趣，以便给每个人发送个性化的邮件。为了达到这个目的，Xerox 公司的用户需要在数十种主题中选择三到五种主题，协同过滤算法根据不同的主题过滤邮件，最终达到个性化的目的。

1994 年时，协同过滤算法中第一次引入了集体智慧的概念。集体智慧指的是利用大基数人群和数据获取知识。比如维基百科就是一个典型的集体智慧案例，它允许用户贡献自己的知识，从而建造了世界上最全面的百科网站，比任何一本百科全书都要全面且准确。

协同过滤算法尝试在算法中加入集体智慧的元素。根据这一想法完成的 GroupLens 系统主要用于新闻筛选。在这个系统中，每一个用户阅读完一条新闻后都会给出一个评分，GroupLens 系统负责将这些评分收集起来，并根据这些评分确定新闻要不要推送出去，以及应该推送给谁。

Xerox 公司则使用人工确定邮件主题，工程师需要明确地告诉程序每封邮件的主题是什么，再将邮件发给对这些主题感兴趣的人。GroupLens 系统首次利用了集体数据，即根据用户的反应让程序自主学习每条新闻的主题是什么。这两种做法有本质上的差别，前者需要耗费更多的人力资源，同时准确度也不高，基本属于硬编程的范畴；而后者对人力资源的需求并不高，同时拥有较高的准确度，已经跨入机器学习的行列。

继 GroupLens 系统后，协同过滤算法迅速占领了推荐系统的市场。推荐系统需要同时具备速度快和准确度高两个特点，它必须在用户打开网站的几秒钟内做出反应，同时推荐的东西必须是用户感兴趣的。这两个条件无论哪一个得不到满足，推荐系统都是没有意义的。协同过滤算法同时满足了这两个条件,这就是它为什么经久不衰的原因。

## 4.2.1　基于物品的协同算法

本节先介绍基于物品的协同过滤,上文提到的啤酒与尿布就是典型的协同过滤算法。基于物品的协同过滤算法的核心思想:给用户推荐那些和他们之前喜欢的物品相似的物品。如图 4.2 所示,当当网在每本书的销售页面下方都有相似商品的推荐。当你购买了《明朝那些事儿》后,系统就会推荐《鱼羊野史》等相似的书。不同于基于内容的推荐,基于物品的协同过滤中的相似主要是利用了用户行为的集体智慧。

图 4.2　截取自当当网

另一个例子是音乐推荐系统,例如 QQ 音乐每首歌曲都会有相似歌曲的推荐,如图 4.3 所示。它是利用了用户的收藏行为计算歌曲的相关分数。

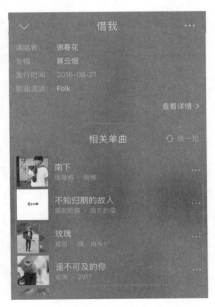

图 4.3　截取自 QQ 音乐 APP

基于物品的协同算法首先计算物品之间的相似度，计算相似度的方法有以下几种。

（1）基于共同喜欢物品的用户列表计算。例如上面当当网给出的理由是"经常一起购买"。通过公式计算一起购买的方法是

$$w_{ij} = \frac{|N(i) \bigcap N(j)|}{\sqrt{|N(i)| * |N(j)|}} \tag{4-3}$$

在此，分母中 $N(i)$ 是购买物品 $i$ 的用户数，$N(j)$ 是购买物品 $j$ 的用户数，而分子 $N(i) \bigcap N(j)$ 是同时购买物品 $i$ 和物品 $j$ 的用户数。可见上述的公式的核心是计算同时购买这两本书的人数比例。当同时购买这两个物品人数越多，他们的相似度也就越高。另外值得注意的是，在分母中我们用了物品总购买人数做惩罚，也就是说某个物品可能很热门，导致它经常会被和其他物品一起购买，所以除以它的总购买人数，来降低它和其他物品的相似分数。举例来说，如图 4.4 所示，用户 $A$ 对物品 $i1$、$i2$、$i4$ 有购买行为，用户 $B$ 对物品 $i2$、$i4$ 有购买行为等。

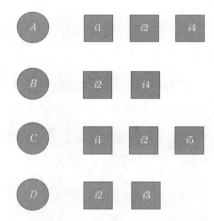

图 4.4 用户购买物品记录

构造一个 $N \times N$ 的矩阵 $C$，存储物品两两同时被购买的次数。遍历每个用户的购买历史，当 $i$ 和 $j$ 两个物品同时被购买时，则在矩阵 $C$ 中 $(i,j)$ 的位置上加 1。当遍历完成时，则可得到共现次数矩阵 $C$，如图 4.5 所示。其中，$C[i][j]$ 记录了同时喜欢物品 $i$ 和物品 $j$ 的用户数，这样我们就可以得到物品之间的相似度矩阵 $W$。在上面的例子中 $(i1, i2)$、$(i2, i4)$ 这两个相似物品分别被 2 个用户同时购买过，即共现次数为 2。

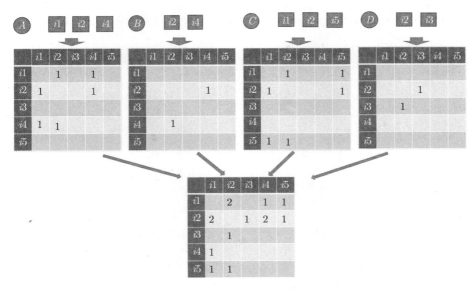

图 4.5　同时被购买次数矩阵 $C$

以上计算可参考如下代码：

```
## ItemCF算法
def ItemSimilarity(train):
    C = dict()    ##书本对同时被购买的次数
    N = dict()    ##书本被购买用户数
    for u,items in train.items():
        for i in items.keys():
            if i not in N.keys():
                N[i]=0
            N[i] += 1
            for j in items.keys():
                if i == j:
                    continue
                if i not in C.keys():
                    C[i]=dict()
                if j not in C[i].keys():
                    C[i][j]=0
                ##当用户同时购买了i和j，则加1
                C[i][j] += 1
    W = dict()    ##书本对相似分数
```

```
    for i,related_items in C.items():
        if i not in W.keys():
            W[i]=dict()
        for j,cij in related_items.items():
            W[i][j] = cij / math.sqrt( N[i] * N[j])
    return W


if __name__ == '__main__':
    Train_Data = {'A':{'i1':1,'i2':1 ,'i4':1},
      'B':{'i1':1,'i4':1},
      'C':{'i1':1,'i2':1,'i5':1},
      'D':{'i2':1,'i3':1},
      'E':{'i3':1,'i5':1},
      'F':{'i2':1,'i4':1}
        }
    W=ItemSimilarity(Train_Data)
```

运行以上代码，可以得到物品间的相似度矩阵：

| Key | Type | Size | Value |
|-----|------|------|-------|
| i1 | dict | 3 | {'i2': 0.5773502691896258, 'i4': 0.6666666666666666, 'i5': 0.4082482904638631} |
| i2 | dict | 4 | {'i1': 0.5773502691896258, 'i3': 0.35355339059327373, 'i4': 0.5773502691896258, 'i5': 0.35355339059327373} |
| i3 | dict | 2 | {'i2': 0.35355339059327373, 'i5': 0.5} |
| i4 | dict | 2 | {'i1': 0.6666666666666666, 'i2': 0.5773502691896258} |
| i5 | dict | 3 | {'i1': 0.4082482904638631, 'i2': 0.35355339059327373, 'i3': 0.5} |

图 4.6　相似度计算结果 1

（2）基于余弦（Cosine-based）的相似度计算。上面的方法计算物品相似度是直接使用同时购买这两个物品的人数。但是也有可能存在用户购买了但不喜欢的情况。所以如果数据集包含了具体的评分数据，我们可以进一步把用户评分引入到相似度计算中。可利用上节提到的余弦公式计算任意两本书的相似度，公式如下：$w_{ij} = \cos\theta = \dfrac{N_i \bullet N_j}{||N_i||||N_j||} = \dfrac{\sum\limits_{k=1}^{len}(n_{ki} \times n_{kj})}{\sqrt{\sum\limits_{k=1}^{len}{n_{ki}}^2} \times \sqrt{\sum\limits_{k=1}^{len}{n_{kj}}^2}}$，其中 $n_{ki}$ 是用户 $k$ 对物品 $i$ 的评分，如果没有评分则为 0。实现的代码如下：

```python
## ItemCF-余弦算法
def ItemSimilarity_cos(train):
    C = dict()      ##书本对同时被购买的次数
    N = dict()      ##书本被购买用户数
    for u,items in train.items():
        for i in items.keys():
            if i not in N.keys():
                N[i]=0
            N[i] += items[i]* items[i]
            for j in items.keys():
                if i == j:
                    continue
                if i not in C.keys():
                    C[i]=dict()
                if j not in C[i].keys():
                    C[i][j]=0
                ##当用户同时购买了i和j，则加评分乘积
                C[i][j] += items[i]*items[j]
    W = dict()   ##书本对相似分数
    for i,related_items in C.items():
        if i not in W.keys():
            W[i]=dict()
        for j,cij in related_items.items():
            W[i][j] = cij / (math.sqrt( N[i]) *math.sqrt( N[j]) )
    return W


if __name__ == '__main__':
    Train_Data = {'A':{'i1':1,'i2':1 ,'i4':1},
     'B':{'i1':1,'i4':1},
     'C':{'i1':1,'i2':1,'i5':1},
     'D':{'i2':1,'i3':1},
     'E':{'i3':1,'i5':1},
     'F':{'i2':1,'i4':1}
        }
    W= ItemSimilarity_cos (Train_Data)
```

运行以上代码，可以得到物品间的相似度矩阵，当评分数据都为 1 的时候，该方法

与基于共同喜欢物品的用户列表计算的结果一致，读者有兴趣的话，可以修改上面例子中的评分数据，观察结果的变化。

| Key | Type | Size | Value |
|---|---|---|---|
| i1 | dict | 3 | {'i2': 0.5773502691896258, 'i4': 0.6666666666666667, 'i5': 0.40824829046386296} |
| i2 | dict | 4 | {'i1': 0.5773502691896258, 'i3': 0.35355339059327373, 'i4': 0.5773502691896258, 'i5': 0.35355339059327373} |
| i3 | dict | 2 | {'i2': 0.35355339059327373, 'i5': 0.4999999999999999} |
| i4 | dict | 2 | {'i1': 0.6666666666666667, 'i2': 0.5773502691896258} |
| i5 | dict | 3 | {'i1': 0.40824829046386296, 'i2': 0.35355339059327373, 'i3': 0.4999999999999999} |

图 4.7　相似度计算结果 2

（3）热门物品的惩罚。从相似度计算公式中，我们可以发现当物品 $i$ 被更多人购买时，分子中的 $N(i)\bigcap N(j)$ 和分母中的 $N(i)$ 都会增长。对于热门物品，分子 $N(i)\bigcap N(j)$ 的增长速度往往高于 $N(i)$，这就会使得物品 $i$ 和很多其他的物品相似度都偏高，这就是 ItemCF 中的物品热门问题。推荐结果过于热门，会使得个性化感知下降。以歌曲的相似为例，大部分用户都会收藏《小苹果》这些热门歌曲，从而导致《小苹果》出现在很多的相似歌曲中。为了解决这个问题，我们对于热门物品 $i$ 进行惩罚，例如下式，当 $\alpha \in (0, 0.5)$ 时，$N(i)$ 越小，惩罚得越厉害，从而会使热门物品相关性分数下降。

$$w_{ij} = \frac{|N(i)\bigcap N(j)|}{|N(i)|^{\alpha} * |N(j)|^{1-\alpha}} \tag{4-4}$$

计算代码参考如下：

```
## 改进算法
def ItemSimilarity_alpha(train,alpha=0.3):
    C = dict()      ##书本对同时被购买的次数
    N = dict()      ##书本被购买用户数
    for u,items in train.items():
        for i in items.keys():
            if i not in N.keys():
                N[i]=0
            N[i] += 1
            for j in items.keys():
                if i == j:
                    continue
                if i not in C.keys():
                    C[i]=dict()
                if j not in C[i].keys():
```

```
                    C[i][j]=0
                ##当用户同时购买了i和j，则加1
                    C[i][j] += 1
        W = dict()    ##书本对相似分数
        for i,related_items in C.items():
            if i not in W.keys():
                W[i]=dict()
            for j,cij in related_items.items():
                W[i][j] = cij / (math.pow(N[i],alpha)*math.pow(N[j],1-alpha) )
        return W


if __name__ == '__main__':
    Train_Data = {'A':{'i1':1,'i2':1 ,'i4':1},
     'B':{'i1':1,'i4':1},
     'C':{'i1':1,'i2':1,'i5':1},
     'D':{'i2':1,'i3':1},
     'E':{'i3':1,'i5':1},
     'F':{'i2':1,'i4':1}
        }
    W= ItemSimilarity_alpha (Train_Data)
```

运行以上代码，可以得到物品间的相似度矩阵，可以观察到 $i2$ 因为比较热门，被降权惩罚，与其他物品的相似分数显著降低。

| Key | Type | Size | Value |
| --- | --- | --- | --- |
| i1 | dict | 3 | {'i2': 0.5450691787846755, 'i4': 0.6666666666666666, 'i5': 0.44273374664777815} |
| i2 | dict | 4 | {'i1': 0.6115431697616012, 'i3': 0.40612619817811785, 'i4': 0.6115431697616012, 'i5': 0.40612619817811785} |
| i3 | dict | 2 | {'i2': 0.3077861033362291, 'i5': 0.5} |
| i4 | dict | 2 | {'i1': 0.6666666666666666, 'i2': 0.5450691787846755} |
| i5 | dict | 3 | {'i1': 0.3764489784856185, 'i2': 0.3077861033362291, 'i3': 0.5} |

图 4.8　相似度计算结果 3

在得到物品之间的相似度后，进入第二步。按如下公式计算用户 $u$ 对一个物品 $i$ 的预测分数：

$$p_{ui} = \sum_{N(u) \bigcap S(j,k)} w_{ji} score_{ui} \tag{4-5}$$

其中 $S(j,k)$ 是物品 $j$ 相似物品的集合，一般来说 $j$ 的相似物品集合是相似分数最高的 $k$ 个，参照上面计算得出的相似分数。$score_{ui}$ 是用户对已购买的物品 $i$ 的评分，如果没有评分数据，则取 1。如果待打分的物品和用户购买过的多个物品相似，则将相似分数相加，相加后的得分越高，则用户购买可能性越大。比如用户购买过《明朝那些事儿》（评分 0.8 分）和《品三国》（评分 0.6 分），而《鱼羊野史》和《明朝那些事儿》相似分是 0.2 分，《鱼羊野史》和《品三国》的相似分数是 0.1 分，则用户在《鱼羊野史》上的分数则为 0.22 分（0.8×0.2+0.6×0.1）。这时候找出与用户喜欢的物品相似度高的 top N 个，也就是分数最高的 N 个作为推荐的候选。

```python
#结合用户喜好对物品排序
def Recommend(train,user_id,W,K):
    rank = dict()
    ru = train[user_id]
    for i,pi in ru.items():
        tmp=W[i]
        for j,wj in sorted(tmp.items(),key=lambda d: d[1],reverse=True)[0:K]:
            if j not in rank.keys():
                rank[j]=0
            ##r如果用户已经购买过，则不再推荐
            if j in ru:
                continue
            ##待推荐的书本j与用户已购买的书本i相似，则累加上相似分数
            rank[j] += pi*wj
    return rank


if __name__ == '__main__':
    Train_Data = {'A':{'i1':1,'i2':1 ,'i4':1},
     'B':{'i1':1,'i4':1},
     'C':{'i1':1,'i2':1,'i5':1},
     'D':{'i2':1,'i3':1},
     'E':{'i3':1,'i5':1},
     'F':{'i2':1,'i4':1}
         }
    W=ItemSimilarity_alpha(Train_Data)
    Recommend(Train_Data,'C',W,3)
```

在上面的计算过程中，我们发现还有一个未定义参数 $K$，即对物品相似物品中 top-$K$ 个物品进行召回，过大的 $K$，会召回很多相关性不强的物品，导致准确率下降；过小的 $K$ 会使召回的物品过少，使得准确率也不高。一般来说，算法工作人员需要尝试不同

的 $K$ 值对比算法准确率和召回率，以便选择最佳的 $K$ 值。

## 4.2.2　基于用户的协同算法

基于用户的协同过滤（User CF）的原理其实是和基于物品的协同过滤类似的。所不同的是，基于物品的协同过滤的原理是用户 $U$ 购买了 $A$ 物品，推荐给用户 $U$ 和 $A$ 相似的物品 $B$、$C$、$D$。而基于用户的协同过滤，是先计算用户 $U$ 与其他的用户的相似度，然后取和 $U$ 最相似的几个用户，把他们购买过的物品推荐给用户 $U$。在当当网的页面上，同样有类似的应用，见图 4.9。

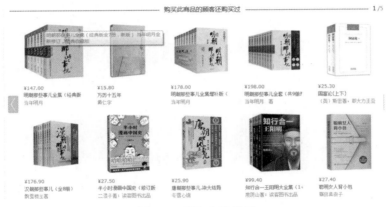

图 4.9　截取自当当网

为了计算用户相似度，我们首先要把用户购买过物品的索引数据转化成物品被用户购买过的索引数据，即物品的倒排索引，见图 4.10。

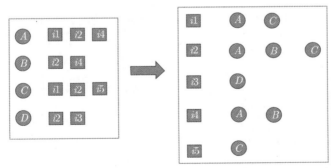

图 4.10　物品的倒排索引

建立物品倒排索引的参考代码如下：

```
##建立物品倒排表
def defItemIndex(DictUser):
    DictItem=defaultdict(defaultdict)
    ##遍历每个用户
    for key in DictUser:
        ##遍历用户k的购买记录
        for i in DictUser[key]:
            DictItem[i[0]][key]=i[1]
    return DictItem
```

建立好物品的倒排索引后，就可以根据相似度公式计算用户之间的相似度：

$$w_{ab} = \frac{|N(a) \bigcap N(b)|}{\sqrt{|N(a)| * |N(b)|}} \tag{4-6}$$

其中 $N(a)$ 表示用户 $a$ 购买物品的数量，$N(b)$ 表示用户 $b$ 购买物品的数量，$N(a) \bigcap N(b)$ 表示用户 $a$ 和 $b$ 购买相同物品的数量。

```
##计算用户相似度
def defUserSimilarity(DictItem):
    N=dict()      #用户购买的数量
    C=defaultdict(defaultdict)
    W=defaultdict(defaultdict)
    ##遍历每个物品
    for key in DictItem:
        ##遍历用户k购买过的书
        for i in DictItem[key]:
            #i[0]表示用户的id，如果未计算过，则初始化为0
            if i[0] not in N.keys():
                N[i[0]]=0
            N[i[0]]+=1
            ## (i,j)是物品k同时被购买的用户两两匹配对
            for j in DictItem[key]:
                if i(0)==j(0):
                    continue
                if j[0] not in C[i[0]].keys():
                    C[i[0]][j[0]]=0
                #C[i[0]][j[0]]表示用户i和j购买同样书的数量
                C[i[0]][j[0]]+=1
```

```
for i,related_user in C.items():
    for j,cij in related_user.items():
        W[i][j]=cij/math.sqrt(N[i]*N[j])
return W
```

有了用户的相似数据，针对用户 $U$ 挑选 $K$ 个最相似的用户，把他们购买过的物品中，$U$ 未购买过的物品推荐给用户 $U$ 即可。如果有评分数据，可以针对这些物品进一步打分，打分的原理与基于物品的推荐原理类似，公式如下：

$$p_{ui} = \sum_{N(i) \bigcap S(u,k)} w_{vu} score_{vu} \tag{4-7}$$

其中是 $N(i)$ 物品 $i$ 被购买的用户集合，$S(u,k)$ 是用户 $u$ 的相似用户集合，挑选最相似的用户 $k$ 个，将重合的用户 $v$ 在物品 $i$ 上的得分乘以用户 $u$ 和 $v$ 的相似度，累加后得到用户 $u$ 对于物品 $i$ 的得分。

## 4.2.3　基于用户协同和基于物品协同的区别

基于用户的协同过滤（UserCF）和基于物品协同（ItemCF）在算法上十分类似，推荐系统选择哪种算法，主要取决于推荐系统的考量指标。两者主要的优缺点总结如下。

（1）从推荐的场景考虑。

ItemCF 是利用物品间的相似性来推荐的，所以假如用户的数量远远超过物品的数量，那么可以考虑使用 ItemCF，比如购物网站，因其物品的数据相对稳定，因此计算物品的相似度时不但计算量较小，而且不必频繁更新；UserCF 更适合做新闻、博客或者微内容的推荐系统，因为其内容更新频率非常高，特别是在社交网络中，UserCF 是一个更好的选择，可以增加用户对推荐解释的信服程度。而在一个非社交网络的网站中，比如给某个用户推荐一本书，系统给出的解释是某某和你有相似兴趣的人也看了这本书，这很难让用户信服，因为用户可能根本不认识那个人；但假如给出的理由是因为这本书和你以前看过的某本书相似，这样的解释相对合理，用户可能就会采纳你的推荐。

UserCF 是推荐用户所在兴趣小组中的热点，更注重社会化，而 ItemCF 则是根据用户历史行为推荐相似物品，更注重个性化。所以 UserCF 一般用在新闻类网站中，如 Digg，而 ItemCF 则用在其他非新闻类网站中，如 Amazon、hulu 等。

因为在新闻类网站中，用户的兴趣爱好往往比较粗粒度，很少会有用户说只看某个话题的新闻，而且往往某个话题也不是每天都会有新闻。个性化新闻推荐更强调新闻热点，热门程度和时效性是个性化新闻推荐的重点，个性化是补充，所以 UserCF 给用户推荐和他有相同兴趣爱好的人关注的新闻，这样在保证了热点和时效性的同时，兼顾了个性化。另外一个原因是从技术上考虑的，作为一种物品，新闻的更新非常快，随时会有新的新闻出现，如果使用 ItemCF 的话，需要维护一张物品之间相似度的表，实际工业界这张表一般是一天一更新，这在新闻领域是万万不能接受的。

但是，在图书、电子商务和电影网站等领域，ItemCF 则能更好地发挥作用。因为在这些网站中，用户的兴趣爱好一般是比较固定的，而且相比于新闻网站更加细腻。在这些网站中，个性化推荐一般是给用户推荐他自己领域的相关物品。另外，这些网站的物品数量更新速度不快，相似度表一天一次更新可以接受。而且在这些网站中，用户数量往往远远大于物品数量，从存储的角度来讲，UserCF 需要消耗更大的空间复杂度，另外，ItemCF 可以方便地提供推荐理由，增加用户对推荐系统的信任度，所以更适合这些网站。

（2）在系统的多样性（也被称为覆盖率，指一个推荐系统能否给用户提供多种选择）指标下，ItemCF 的多样性要远远好于 UserCF，因为 UserCF 会更倾向于推荐热门的物品。也就是说，ItemCF 的推荐有很好的新颖性，容易发现并推荐长尾里的物品。所以大多数情况，ItemCF 的精度稍微小于 UserCF，但是如果考虑多样性，UserCF 却比 ItemCF 要好很多。

由于 UserCF 经常推荐热门物品，所以它在推荐长尾里的项目方面的能力不足；而 ItemCF 只推荐 A 领域给用户，这样它有限的推荐列表中就可能包含了一定数量的非热门的长尾物品。ItemCF 的推荐对单个用户而言，显然多样性不足，但是对整个系统而言，因为不同的用户的主要兴趣点不同，所以系统的覆盖率会比较好。

（3）用户特点对推荐算法影响的比较。对于 UserCF，推荐的原则是假设用户会喜欢那些和他有相同喜好的用户喜欢的东西，但是假如用户暂时找不到兴趣相投的邻居，那么 UserCF 的推荐效果就会大打折扣，因此用户是否适应 UserCF 算法跟他有多少邻居是成正比关系的。基于物品的协同过滤算法也是有一定前提的，即用户喜欢和他以前购买过的物品相同类型的物品，那么我们可以计算一个用户喜欢的物品的自相似度。一个用户喜欢物品的自相似度大，就说明他喜欢的东西都是比较相似的，即这个用户比较符合 ItemCF 方法的基本假设，那么他对 ItemCF 的适应度自然比较好；反之，如果自相似度小，就说明这个用户的喜好习惯并不满足 ItemCF 方法的基本假设，那么用 ItemCF 方法所做出的推荐对于这种用户来说，其推荐效果可能不是很好。

## 4.2.4　基于矩阵分解的推荐方法

十多年前，Netflix 发起了 Netflix 奖公开竞赛，目标在于设计最新的算法来预测电影评级。竞赛历时 3 年，很多研究团队开发了各种不同的预测算法，其中矩阵分解技术因效果突出而在众多算法中脱颖而出。那么矩阵分解的含义是什么呢？

1. 矩阵分解的基本含义

首先我们需要知道特征值和特征向量的含义，基本定义如下：

$$Ax = \lambda x \tag{4-8}$$

其中矩阵 $A$ 是一个 $n \times n$ 矩阵，$x$ 是一个 $n$ 维向量，则 $\lambda$ 是矩阵 $A$ 的一个特征值，而 $x$ 是矩阵 $A$ 的特征值 $\lambda$ 所对应的特征向量。特征向量的几何含义是：特征向量 $x$ 通过方阵 $A$ 变换只进行缩放，而方向并不会变化。

如果我们可以求到矩阵 $A$ 的 $n$ 个特征值，则可以得到对角矩阵 $\Sigma$，其展开为以下形式：

$$\Sigma = \begin{pmatrix} \lambda_1 & 0 & 0 & \cdots & 0 \\ 0 & \lambda_2 & 0 & \cdots & \cdots \\ 0 & 0 & \cdots & \cdots & 0 \\ \cdots & \cdots & \cdots & \lambda_{n-1} & 0 \\ 0 & \cdots & 0 & 0 & \lambda_n \end{pmatrix} \tag{4-9}$$

则矩阵 $A$ 就可以用下式的特征分解表示：

$$A = U\Sigma U^{-1} \tag{4-10}$$

其中 $U$ 是这 $n$ 个特征向量所生成的 $n \times n$ 维矩阵，而 $\Sigma$ 为这 $n$ 个特征值为主对角线的 $n \times n$ 维矩阵。

一般我们会把 $U$ 的这 $n$ 个特征向量标准化，即满足 $U^{-1} = U^{\mathrm{T}}$，此时矩阵 $A$ 的特征分解表达式可以进一步写成：

$$A = U\Sigma' U^{\mathrm{T}} \tag{4-11}$$

那么如果 $A$ 不是方阵，即行和列数目不相同时，我们还可以对矩阵进行分解吗？答案是可以。其中最常用的分解方法是奇异值分解（Singular Value Decomposition，SVD）。下面就对 SVD 的原理作一个介绍。

**2. SVD 的基本含义**

SVD 也是对矩阵进行分解, 但是和特征分解不同, SVD 并不要求要分解的矩阵为方阵。假设我们的矩阵 $\boldsymbol{A}$ 是一个 $m \times n$ 的矩阵, 那么我们定义矩阵 $\boldsymbol{A}$ 的 SVD 为

$$\boldsymbol{A} = U\boldsymbol{\Sigma}V^{\mathrm{T}} \tag{4-12}$$

其中 $\boldsymbol{U}$ 是一个 $m \times m$ 的矩阵, $\boldsymbol{\Sigma}$ 是一个 $m \times n$ 的矩阵, 除了主对角线上的元素以外全为 0, 主对角线上的每个元素都称为奇异值, $\boldsymbol{V}$ 是一个的 $n \times n$ 矩阵。

下面我们用一个简单的例子来说明矩阵是如何进行奇异值分解的。我们的矩阵 $\boldsymbol{A}$ 定义为

$$\boldsymbol{A} = \begin{pmatrix} 0 & 1 \\ 1 & 1 \\ 1 & 0 \end{pmatrix} \tag{4-13}$$

首先求出 $A^{\mathrm{T}}A$ 和 $AA^{\mathrm{T}}$:

$$A^{\mathrm{T}}A = \begin{pmatrix} 0 & 1 & 1 \\ 1 & 1 & 0 \end{pmatrix} \begin{pmatrix} 0 & 1 \\ 1 & 1 \\ 1 & 0 \end{pmatrix} = \begin{pmatrix} 2 & 1 \\ 1 & 2 \end{pmatrix} \tag{4-14}$$

$$AA^{\mathrm{T}} = \begin{pmatrix} 0 & 1 \\ 1 & 1 \\ 1 & 0 \end{pmatrix} \begin{pmatrix} 0 & 1 & 1 \\ 1 & 1 & 0 \end{pmatrix} = \begin{pmatrix} 1 & 1 & 0 \\ 1 & 2 & 1 \\ 0 & 1 & 1 \end{pmatrix} \tag{4-15}$$

进而求出 $A^{\mathrm{T}}A$ 的特征值和特征向量, 使得 $A^{\mathrm{T}}Av_i = \lambda_i v_i$:

$$\lambda_1 = 3, \ \lambda_2 = 1, \tag{4-16}$$

$$v_1 = \begin{pmatrix} 1/\sqrt{2} \\ 1/\sqrt{2} \end{pmatrix}, \ v_2 = \begin{pmatrix} -1/\sqrt{2} \\ 1/\sqrt{2} \end{pmatrix} \tag{4-17}$$

接着求出 $AA^{\mathrm{T}}$ 的特征值和特征向量, 使得 $AA^{\mathrm{T}}u_i = \lambda_i u_i$:

$$u_1 = \begin{pmatrix} 1/\sqrt{6} \\ 2/\sqrt{6} \\ 1/\sqrt{6} \end{pmatrix}, \lambda_1 = 3 \tag{4-18}$$

$$u_2 = \begin{pmatrix} 1/\sqrt{2} \\ 0 \\ -1/\sqrt{2} \end{pmatrix}, \lambda_2 = 1 \tag{4-19}$$

$$u_3 = \begin{pmatrix} 1/\sqrt{3} \\ -1/\sqrt{3} \\ 1/\sqrt{3} \end{pmatrix}, \lambda_3 = 0 \tag{4-20}$$

利用 $Av_i = \sigma_i u_i$ 求奇异值：

$$\begin{pmatrix} 0 & 1 \\ 1 & 1 \\ 1 & 0 \end{pmatrix} \begin{pmatrix} 1/\sqrt{2} \\ 1/\sqrt{2} \end{pmatrix} = \sigma_1 \begin{pmatrix} 1/\sqrt{6} \\ 2/\sqrt{6} \\ 1/\sqrt{6} \end{pmatrix} => \sigma_1 = \sqrt{3} \tag{4-21}$$

$$\begin{pmatrix} 0 & 1 \\ 1 & 1 \\ 1 & 0 \end{pmatrix} \begin{pmatrix} -1/\sqrt{2} \\ 1/\sqrt{2} \end{pmatrix} = \sigma_2 \begin{pmatrix} 1/\sqrt{2} \\ 0 \\ -1/\sqrt{2} \end{pmatrix} => \sigma_2 = 1 \tag{4-22}$$

最终得到 $\boldsymbol{A}$ 的奇异值分解为

$$\boldsymbol{A} = U\Sigma V^{\mathrm{T}} = \begin{pmatrix} 1/\sqrt{6} & 1/\sqrt{2} & 1/\sqrt{3} \\ 2/\sqrt{6} & 0 & -1/\sqrt{3} \\ 1/\sqrt{6} & -1/\sqrt{2} & 1/\sqrt{3} \end{pmatrix} \begin{pmatrix} \sqrt{3} & 0 \\ 0 & 1 \\ 0 & 0 \end{pmatrix} \begin{pmatrix} 1/\sqrt{2} & 1/\sqrt{2} \\ -1/\sqrt{2} & 1/\sqrt{2} \end{pmatrix} \tag{4-23}$$

3. SVD 在推荐中的应用

那么 SVD 如何应用到推荐系统中的呢？我们还是用一个例子来解释。假设矩阵 $\boldsymbol{A}$ 的维度是 10×11 维，其中行代表用户，列代表物品，值代表用户对物品的评分，当没有评分时，分数为 0。

| | 物品0 | 物品1 | 物品2 | 物品3 | 物品4 | 物品5 | 物品6 | 物品7 | 物品8 | 物品9 | 物品10 |
|---|---|---|---|---|---|---|---|---|---|---|---|
| 用户0 | [0, | 0, | 1, | 0, | 0, | 2, | 0, | 0, | 0, | 0, | 5], |
| 用户1 | [0, | 0, | 0, | 5, | 0, | 3, | 0, | 0, | 0, | 0, | 3], |
| 用户2 | [0, | 0, | 0, | 0, | 4, | 1, | 0, | 1, | 0, | 4, | 0], |
| 用户3 | [3, | 3, | 4, | 0, | 0, | 0, | 0, | 2, | 2, | 0, | 0], |
| 用户4 | [5, | 4, | 2, | 0, | 0, | 0, | 0, | 5, | 5, | 0, | 0], |
| 用户5 | [0, | 0, | 0, | 0, | 5, | 0, | 1, | 0, | 0, | 0, | 0], |
| 用户6 | [4, | 1, | 4, | 0, | 0, | 0, | 0, | 4, | 5, | 0, | 1], |
| 用户7 | [0, | 0, | 0, | 4, | 0, | 4, | 0, | 0, | 0, | 0, | 4], |
| 用户8 | [0, | 0, | 0, | 2, | 0, | 2, | 5, | 0, | 0, | 1, | 2], |
| 用户9 | [1, | 0, | 0, | 4, | 0, | 0, | 0, | 1, | 2, | 0, | 0]] |

图 4.11　用户评分矩阵

将该矩阵加载到变量 myMat 中，在 Python 中调用 linalg.svd 即可获得分解后的 $\boldsymbol{U}$、$\boldsymbol{\Sigma}$、$\boldsymbol{V}$ 三个矩阵：

```
from numpy import*

def loadExData():
    return[[0, 0, 1, 0, 0, 2, 0, 0, 0, 0, 5],
```

```
                    [0, 0, 0, 5, 0, 3, 0, 0, 0, 0, 3],
                    [0, 0, 0, 0, 4, 1, 0, 1, 0, 4, 0],
                    [3, 3, 4, 0, 0, 0, 0, 2, 2, 0, 0],
                    [5, 4, 2, 0, 0, 0, 0, 5, 5, 0, 0],
                    [0, 0, 0, 0, 5, 0, 1, 0, 0, 0, 0],
                    [4, 1, 4, 0, 0, 0, 0, 4, 5, 0, 1],
                    [0, 0, 0, 4, 0, 4, 0, 0, 0, 0, 4],
                    [0, 0, 0, 2, 0, 2, 5, 0, 0, 1, 2],
                    [1, 0, 0, 4, 0, 0, 0, 1, 2, 0, 0]]
```

```
myMat=mat(loadExData())
U,Sigma,VT = linalg.svd(myMat)
```

打印出 $\Sigma$，如图 4.12 所示。

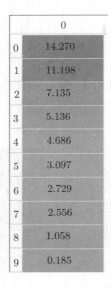

| | 0 |
| --- | --- |
| 0 | 14.270 |
| 1 | 11.198 |
| 2 | 7.135 |
| 3 | 5.136 |
| 4 | 4.686 |
| 5 | 3.097 |
| 6 | 2.729 |
| 7 | 2.556 |
| 8 | 1.058 |
| 9 | 0.185 |

图 4.12　Sigma 值

　　Sigma 为奇异值向量，可以看到一个很明显的规则，奇异值按照从大到小排序而且奇异值的减小特别地快，在很多高维的情况下，前 10% 的奇异值之和就占了全部奇异值之和的 80% 以上的比例。本例中 $k$ 的选择主要依据奇异值的能量占比，原矩阵能量值为 sum(Sigma**2)=452，降低到 $k = 3$ 维后能量值 sum(Sigma[0:3]**2)=380，能量占比达

84.4%。也就是说我们可以用最大的 $k$ 个奇异值和对应 $u$ 和 $v$ 中的向量来描述矩阵 $\boldsymbol{A}$。

$$A_{m*n} = U_{m*m}\Sigma_{m*n}{V_{n*n}}^{\mathrm{T}} \approx U_{m*k}\Sigma_{k*k}{V_{k*n}}^{\mathrm{T}} \tag{4-24}$$

在本例中我们取 $k=4$，执行以下命令

```
NewData=U[:, :4] * mat(eye(4)*Sigma[:4]) * VT[:4,:]
```

把 NewData 打印出来，如图 4.13 所示。

| | 0 | 1 | 2 | 3 | 4 | 5 | 6 | 7 | 8 | 9 | 10 |
|---|---|---|---|---|---|---|---|---|---|---|---|
| 0 | 0.067 | 0.156 | 1.344 | -0.055 | -0.309 | 2.492 | 0.817 | -0.067 | -0.286 | 0.077 | 4.417 |
| 1 | 0.007 | -0.208 | -0.309 | 4.832 | -0.267 | 2.919 | 0.876 | 0.041 | 0.329 | 0.087 | 2.984 |
| 2 | 0.118 | 0.096 | 0.034 | 0.035 | 4.611 | 0.659 | 1.196 | 0.683 | 0.109 | 2.396 | 0.029 |
| 3 | 2.983 | 1.953 | 2.538 | -0.544 | -0.082 | -0.030 | -0.045 | 2.778 | 3.003 | -0.014 | 0.571 |
| 4 | 4.812 | 3.048 | 3.459 | 0.395 | 0.123 | -0.327 | -0.144 | 4.568 | 5.078 | 0.068 | -0.185 |
| 5 | -0.095 | -0.040 | -0.154 | -0.152 | 3.878 | 0.358 | 0.942 | 0.392 | -0.109 | 1.997 | -0.258 |
| 6 | 4.186 | 2.700 | 3.415 | -0.019 | -0.060 | 0.229 | 0.029 | 3.921 | 4.289 | 0.026 | 0.929 |
| 7 | -0.052 | -0.174 | 0.148 | 4.098 | -0.253 | 3.383 | 1.059 | -0.056 | 0.094 | 0.144 | 4.100 |
| 8 | -0.105 | -0.128 | 0.124 | 2.243 | 1.123 | 2.264 | 0.990 | 0.045 | -0.064 | 0.755 | 2.644 |
| 9 | 1.123 | 0.480 | -0.204 | 3.840 | -0.129 | 0.661 | 0.117 | 1.153 | 1.645 | -0.034 | -0.382 |

图 4.13　NewData 值

对比原始数据 Mydata：

| | 0 | 1 | 2 | 3 | 4 | 5 | 6 | 7 | 8 | 9 | 10 |
|---|---|---|---|---|---|---|---|---|---|---|---|
| 0 | 0.067 | 0.156 | 1.344 | -0.055 | -0.309 | 2.492 | 0.817 | -0.067 | -0.286 | 0.077 | 4.417 |
| 1 | 0.007 | -0.208 | -0.309 | 4.832 | -0.267 | 2.919 | 0.876 | 0.041 | 0.329 | 0.087 | 2.984 |
| 2 | 0.118 | 0.096 | 0.034 | 0.035 | 4.611 | 0.659 | 1.196 | 0.683 | 0.109 | 2.396 | 0.029 |
| 3 | 2.983 | 1.953 | 2.538 | -0.544 | -0.082 | -0.030 | -0.045 | 2.778 | 3.003 | -0.014 | 0.571 |
| 4 | 4.812 | 3.048 | 3.459 | 0.395 | 0.123 | -0.327 | -0.144 | 4.568 | 5.078 | 0.068 | -0.185 |
| 5 | -0.095 | -0.040 | -0.154 | -0.152 | 3.878 | 0.358 | 0.942 | 0.392 | -0.109 | 1.997 | -0.258 |
| 6 | 4.186 | 2.700 | 3.415 | -0.019 | -0.060 | 0.229 | 0.029 | 3.921 | 4.289 | 0.026 | 0.929 |
| 7 | -0.052 | -0.174 | 0.148 | 4.098 | -0.253 | 3.383 | 1.059 | -0.056 | 0.094 | 0.144 | 4.100 |
| 8 | -0.105 | -0.128 | 0.124 | 2.243 | 1.123 | 2.264 | 0.990 | 0.045 | -0.064 | 0.755 | 2.644 |
| 9 | 1.123 | 0.480 | -0.204 | 3.840 | -0.129 | 0.661 | 0.117 | 1.153 | 1.645 | -0.034 | -0.382 |

图 4.14　Mydata 值

对比两个矩阵，发现高分的值都十分接近。这说明我们可以用 $U_{m*k}\Sigma_{k*k}{V_{k*n}}^{\mathrm{T}}$ 这 3 个矩阵表征原始的矩阵 $\boldsymbol{A}$。将物品的评分矩阵 $\boldsymbol{A}^{\mathrm{T}}$ 映射到低维空间 $\boldsymbol{A}^{\mathrm{T}}U_{m*k}{\Sigma_{k*k}}^{I}$ 中，其维度为由 $n\times m$ 降低到 $n\times k$。然后再计算物品 item 之间的相似度，这时候每个 item 的维度由 $m$ 降低到 $n$，从而提升了计算效率。

一般来说，$m$ 代表样本的用户数，维度会很高，而 $k << m$，这种表示方法对在线推荐系统意义十分巨大，大大减轻了线上存储和计算的压力。

推荐实现代码如下：

```
##refers to http://blog.csdn.net/c40649576
##基于SVD的评分估计
##dataMat是输入矩阵
```

```
##simMeas是相似度计算函数
##user和item是待打分的用户和item对
def svdEst(userData,xformedItems, user, simMeas, item):
    n = shape(xformedItems)[0]
    simTotal = 0.0; ratSimTotal = 0.0
    # 对于给定的用户, for循环所有物品, 计算与item的相似度
    for j in range(n):
        userRating = userData[:,j]
        if userRating == 0 or j == item: continue
        similarity = simMeas(xformedItems[item, :].T, xformedItems[j, :].T)
        # print便于了解相似度计算的进展情况
        print ('the %d and %d similarity is : %f' % (item, j, similarity))
        #对相似度求和
        simTotal += similarity
        #对相似度及评分值的乘积求和
        ratSimTotal += similarity * userRating
    if simTotal == 0: return 0
    else: return ratSimTotal/simTotal


##基于SVD的进行推荐
##寻找未评级的物品, 对给定用户建立一个未评分的物品列表
def recommend(dataMat, user, N=3, simMeas=cosSim, estMethod=svdEst):
    U,Sigma,VT = linalg.svd(dataMat)
    #使用奇异值构建一个对角矩阵
    Sig4 = mat(eye(4)*Sigma[:4])
    # 利用U矩阵将物品转换到低维空间中
    xformedItems = dataMat.T * U[:, :4] * Sig4.I
    print('xformedItems=',xformedItems)
    print('xformedItems行和列数', shape(xformedItems))

    unratedItems = nonzero(dataMat[user, :].A == 0)[1]
    print('dataMat[user, :].A=',dataMat[user, :].A)
    print('nonzero(dataMat[user, :].A == 0)结果为',
        nonzero(dataMat[user, :].A == 0))
    #如果不存在未评分物品, 退出函数, 否则在所有未评分物品上进行循环
    if len(unratedItems) == 0: return ('you rated everything')
    itemScores = []
    for item in unratedItems:
```

```
        print('item=',item)
    # 对于每个未评分物品，通过调用standEst()来产生该物品基于相似度的预测评分
        estimatedScore = estMethod(dataMat[user, :],xformedItems, user,
            simMeas, item)
        # 该物品的编号和估计得分值会放在一个元素列表itemScores
        itemScores.append((item, estimatedScore))
    # 寻找前N个未评级物品
    return sorted(itemScores, key=lambda jj: jj[1], reverse=True)[:N]



myMat=mat(loadExData())
result=recommend(myMat, 1, estMethod=svdEst)
#print(result)
```

运行以上程序后，可以看到用户 1 对所有未评分过的物品的预测过程，日志中会打印待评分物品 i 和用户已评分过的物品相似分数。

```
xformedItems= [[ -4.94993155e-01  -8.55622175e-02  -2.48611806e-02
      3.33301232e-02]
 [ -3.13458547e-01  -7.52514984e-02  -7.48135856e-03  -3.50541410e-02]
 [ -3.78450772e-01  -4.30110266e-02  -2.73248525e-02  -3.16127753e-01]
 [ -9.66651163e-02   5.96631453e-01  -1.11181970e-01   7.08108827e-01]
 [ -1.48606103e-02   4.20778007e-02   8.58513789e-01   4.28827005e-02]
 [ -5.34500615e-02   4.98695994e-01   4.12721285e-02  -1.51444295e-01]
 [ -1.53015570e-02   1.73637176e-01   1.96700179e-01  -5.96048540e-02]
 [ -4.69111042e-01  -7.14523528e-02   8.17335025e-02   6.74284466e-02]
 [ -5.18848182e-01  -6.64352384e-02  -3.46135811e-02   1.62309665e-01]
 [ -1.56328052e-02   6.08803417e-02   4.39273573e-01   4.45686018e-04]
 [ -1.06449559e-01   5.79097298e-01  -8.90946777e-02  -5.80592096e-01]]
xformedItems行和列数(11, 4)
dataMat[user, :].A= [[0 0 0 5 0 3 0 0 0 3]]
nonzero(dataMat[user, :].A == 0)结果为 (array([0, 0, 0, 0, 0, 0, 0, 0], dtype=
    int64), array([0, 1, 2, 4, 6, 7, 8, 9], dtype=int64))
item= 0
the 0 and 3 similarity is : 0.049016
the 0 and 5 similarity is : -0.084129
the 0 and 10 similarity is : -0.033380
item= 1
the 1 and 3 similarity is : -0.126885
```

```
the 1 and 5 similarity is : -0.092534
the 1 and 10 similarity is : 0.040066
item= 2
the 2 and 3 similarity is : -0.451573
the 2 and 5 similarity is : 0.174746
the 2 and 10 similarity is : 0.488365
item= 4
the 4 and 3 similarity is : -0.047760
the 4 and 5 similarity is : 0.112117
the 4 and 10 similarity is : -0.105378
item= 6
the 6 and 3 similarity is : 0.162263
the 6 and 5 similarity is : 0.738223
the 6 and 10 similarity is : 0.532098
item= 7
the 7 and 3 similarity is : 0.090762
the 7 and 5 similarity is : -0.068085
the 7 and 10 similarity is : -0.093655
item= 8
the 8 and 3 similarity is : 0.251291
the 8 and 5 similarity is : -0.108902
the 8 and 10 similarity is : -0.162994
item= 9
the 9 and 3 similarity is : -0.025692
the 9 and 5 similarity is : 0.211222
the 9 and 10 similarity is : -0.006709
```

梳理以上代码的计算流程，可以划分为：

（1）加载用户对物品的评分矩阵；

（2）矩阵分解，求奇异值，根据奇异值的能量占比确定降维至 k 的数值；

（3）使用矩阵分解对物品评分矩阵进行降维；

（4）使用降维后的物品评分矩阵计算物品相似度，对用户未评分过的物品进行预测；

（5）产生前 $n$ 个评分值高的物品，返回物品编号以及预测评分值。

SVD 在计算前会先把评分矩阵 $A$ 缺失值补全，补全之后稀疏矩阵 $A$ 表示成稠密矩阵，然后将分解成 $A' = U \Sigma' U^{\mathrm{T}}$。这种方法有两个缺点：第一，补全成稠密矩阵之后需要耗费巨大的存储空间，在实际中，用户对物品的行为信息何止千万，对这样的稠密矩阵进行存储是不现实的；第二，SVD 的计算复杂度很高，更不用说这样的大规模稠密矩阵了。所以关于 SVD 的研究很多都是在小数据集上进行的。隐语义模型也是基于矩阵分解的，但是和 SVD 不同，它是把原始矩阵分解成两个矩阵相乘而不是三个。

$$\boldsymbol{A} = PQ^{\mathrm{T}} \tag{4-25}$$

现在的问题就变成了确定 $\boldsymbol{P}$ 和 $\boldsymbol{Q}$，我们把 $\boldsymbol{P}$ 叫作用户因子矩阵，$\boldsymbol{Q}$ 叫作物品因子矩阵。通常上式不能达到精确相等的程度，我们要做的就是要最小化它们之间的差距，这又变成了一个最优化问题。通过优化如下损失函数来找到 $\boldsymbol{P}$ 和 $\boldsymbol{Q}$ 中合适的参数，其中 $r_{ij}$ 为用户 $i$ 对物品 $j$ 的评分。

$$\min\left( ||r_{ij} - \sum_{i=1}^{K} p_{ik}q_{kj}||_2^2 + \lambda||p_i||^2 + \gamma||q_j||^2 \right) \tag{4-26}$$

推荐系统中用户和物品的交互数据分为显性反馈和隐性反馈数据。隐式模型多了一个置信参数，这就涉及 ALS 中对于隐式反馈模型的处理方式 —— 有的文章称为"加权的正则化矩阵分解"，它的损失函数如下：

$$\min\left( c_{ij}||r_{ij} - \sum_{i=1}^{K} p_{ik}q_{kj}||_2^2 + \lambda||p_i||^2 + \gamma||q_j||^2 \right) \tag{4-27}$$

隐式反馈模型中是没有评分的，所以在式子中 $r_{ij}$ 并不是具体分数，而仅为 1，仅仅表示用户和物品之间有交互，而不表示评分高低或者喜好程度。函数中还有一个 $c_{ij}$ 的项，它用来表示用户偏爱某个商品的置信程度，比如交互次数多的权重就会增加。如果我们用 $d_{ij}$ 来表示交互次数的话，那么就可以把置信程度表示成如下公式：

$$c_{ij} = 1 + \alpha d_{ij} \tag{4-28}$$

这里，协同过滤就成功转化成了一个优化问题。为了求得以上损失函数最优解，最常用的是 ALS 算法，即交替最小二乘法（Alternating Least Squares）。算法的基础计算流程是：

（1）随机初始化 $\boldsymbol{Q}$，对式（4-26）中的 $p_i$ 求偏导，令导数为 0，得到当前最优解 $p_i$；

$$p_i = (Q^{\mathrm{T}} C^i Q + \lambda I)^{-1} Q^{\mathrm{T}} C^i d_i \tag{4-29}$$

（2）固定 $p$，对式（4-26）中的 $q_j$ 求偏导，令导数为 0，得到当前最优解 $q_j$；

（3）固定 $q$，对式（4-26）中的 $p_i$ 求偏导，令导数为 0，得到当前最优解 $p_i$，类似第一步；

（4）循环第 2 步和第 3 步，直到达到指定的迭代次数或收敛。对于大数据集，推荐读者使用 Spark 替代 Python 进行 ALS 的计算，并且 Spark 的 MLlib 库中 ALS 的 API 可以调用，下面给出调用的方法：

```scala
import org.apache.spark.ml.evaluation.RegressionEvaluator
import org.apache.spark.ml.recommendation.ALS

case class Rating(userId: Int, movieId: Int, rating: Float, timestamp: Long)

##读取数据集，使用,分隔，分别为用户id，物品id，评分，次数
def parseRating(str: String): Rating = {
  val fields = str.split(",")
  assert(fields.size == 4)
  Rating(fields(0).toInt, fields(1).toInt, fields(2).toFloat, fields(3).
      toLong)
}

val ratings = spark.read.textFile(".../als/movielens_ratings.txt")
  .map(parseRating)
  .toDF()

#拆分训练集和测试集#
val Array(training, test) = ratings.randomSplit(Array(0.8, 0.2))

##rating: 由用户-物品矩阵构成的训练集
##rank: 隐藏因子的个数
##numIterations: 迭代次数
##lambda: 正则项的惩罚系数
##alpha: 置信参数
val als = new ALS()
  .setRank(100)
  .setMaxIter(50)
  .setRegParam(0.01)
  .setUserCol("userId")
  .setItemCol("movieId")
```

```
    .setRatingCol("rating")
val model = als.train(training)



##rating: 由用户-物品矩阵构成的训练集
##rank: 隐藏因子的个数
##numIterations:  迭代次数
##lambda: 正则项的惩罚系数
##alpha: 置信参数
val als = new ALS()
  .setRank(100)
  .setMaxIter(50)
  .setRegParam(0.01)
  .setUserCol("userId")
  .setItemCol("movieId")
  .setRatingCol("rating")
val model2 = als.trainImplicit(training)


##在测试集上进行预测
val predictions = model.predict(test)


##获得物品的特征
val item_feature = model.productFeatures


##获得用户的特征
val user_feature = model.userFeatures
```

在实际应用中，由于待分解的矩阵通常是非常稀疏的，与 SVD 相比，ALS 能有效地解决过拟合问题。基于 ALS 的矩阵分解的协同过滤算法的可扩展性也优于 SVD。

## 4.2.5　基于稀疏自编码的推荐方法

矩阵分解技术在推荐领域的应用比较成熟，但是通过上一节的介绍，我们不难发现矩阵分解本质上只通过一次分解来对原矩阵进行逼近，特征挖掘的层次不够深入。另外矩阵分解也没有运用到物品本身的内容特征，例如书本的类别分类、音乐的流派分类等。随着神经网络技术的兴起，笔者发现通过多层感知机，可以得到更加深度的特征表示，并且可以对内容分类特征加以应用。首先，我们介绍一下稀疏自编码神经网络的设计思路。

1. 基础的自编码结构

最简单的自编码结构如下图，假设我们有一个训练样本集合 $\{x^{(1)}, x^{(2)}, x^{(3)}\cdots\}$，其中 $x^{(i)} \in R^n$，即每一个样本均有 n 维特征。构造一个三层的神经网络，输入层 layer1 是 $x^{(i)}$，输出层 layer3 为 $y^{(i)}$，中间隐藏层 layer2 为 $h^{(1)(k)}$，我们让输出层等于输入层，比如 $x^{(i)} = y^{(i)}$，且中间层 layer2-$h^{(1)(k)}$ 的维度远低于 layer1 和 layer3，这样就得到了第一层的特征压缩。

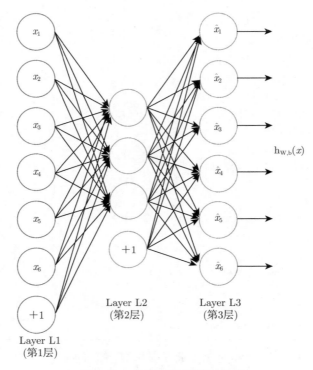

图 4.15　自编码神经网络模型

简单来说自编码神经网络尝试学习一个 $h_{W,b}(x) \approx x$ 的函数。换句话说，它尝试逼近一个恒等函数，从而使得输出 $\hat{x}$ 接近于输入 $x$。当我们为自编码神经网络加入某些限制，比如限定隐藏神经元的数量，我们就可以从输入数据中发现一些有趣的结构。

假设某个自编码神经网络的输入 $x$ 是 100 维的数据，其隐藏层 $L_2$ 我们限定为 50 个隐藏神经元，输出也是 100 维的 $y \in R^{100}$。由于只有 50 个隐藏神经元，我们迫使自编码神经网络去学习输入数据的压缩表示，也就是说，它必须从 50 维的隐藏神经元激活度向量 $a^{(2)} \in R^{50}$ 中重构出 100 维的输入。如果网络的输入数据是完全随机的，比如每一个输入都是一个跟其他特征完全无关的独立同分布高斯随机变量，那么这一压缩表示将会非常难于学习。但是如果输入数据中隐含着一些特定的结构，比如某些输入特征是彼此相关的，那么这一算法就可以发现输入数据中的这些相关性。

　　另外当隐藏神经元的数量较大（有时为了能更有效地找出隐含在输入数据内部的结构与模式，会寻找一组超完备基向量，其维度可能比输入的维度还要高），也可以通过给自编码神经网络施加一些限制，使得满足稀疏性要求；例如如果神经元的输出接近于 1 的时候我们认为它被激活，而输出接近于 0 的时候认为它被抑制，即我们通常说的dropout，那么使得神经元大部分的时间都是被抑制的限制则被称作稀疏性限制。

　　2. 多层结构

　　以上是自编码最基础的结构，我们可以进一步用深度学习的一些思想，学习到高层抽象特征。其中一种典型的方法就是栈式自编码，它采用逐层贪婪训练法进行训练。即先利用原始输入来训练第一个网络，通过使输出 $\hat{x}$ 接近于输入，我们可以得到第一个网络的隐藏层 $h^{(1)(k)}$。例如下图，我们用原始输入 $x^{(k)}$ 训练第一个自编码器，它能够学习得到原始输入的一阶特征表示 $h^{(1)(k)}$（如图 4.16 所示）。

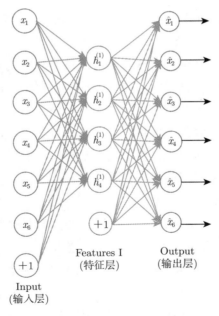

图 4.16　稀疏自编码第一个网络

然后再用这些一阶特征 $h^{(1)(k)}$ 作为第二个稀疏自编码器的输入，使用它们来学习二

阶特征 $h^{(2)(k)}$，如图 4.17 所示。

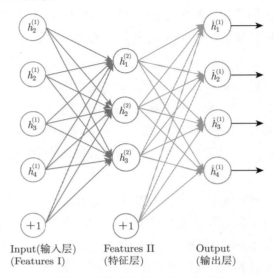

图 4.17　稀疏自编码第二个网络

接下来，再把这些二阶特征 $h^{(2)(k)}$ 作为第三个网络，一个 softmax 分类器的输入，训练得到一个能将二阶特征映射到数字标签的模型。

如图 4.19 所示，最终，你可以将这三个网络结合起来构建一个包含原始输入层、两个隐藏层和一个最终 softmax 分类器层的完整的栈式自编码网络。

3. 稀疏自编码在推荐系统中的应用

我们以音乐推荐为例，输入层的每个样本是一首歌曲，向量特征为歌曲被用户收藏的数据，输出层为音乐的流派分类结果。我们希望训练出歌曲的特征向量，用于歌曲相似度的计算，具体构造自编码网络的方法如下：

输入层，每首歌曲的输入向量为 $\{u_1, u_2, u_3, \cdots, u_i\}$，其中 $u_i$ 表示用户 $i$ 是否收藏过这首歌，当收藏过时，值为 1；未收藏时，值是缺失的，暂且计为 0。输入矩阵为 $(m+1) \times n$ 维（包含一个截距项），$m$ 为用户数量，$n$ 为歌曲数量。

隐藏层 1、隐藏层 2，强制指定神经元的数量为 $k+1$ 个，此时隐藏层其实就是歌曲的低维特征向量，矩阵为 $(k+1) \times n$，$k+1$ 为特征维数（包含一个截距项 1，之所以保留，是为了可以重构出输出层），其中 $n$ 为歌曲数量。

隐藏层到输出层的连接。一般的神经网络中，往往会忽略隐藏层到输出层的连接权重 $W^{(1,1)}$、$W^{(1,2)}$、$b^{(1,1)}$、$b^{(1,2)}$ 的意义，只是将其作为一个输出预测的分类器；但在自编码网络中，连接层是有实际意义的。这些权重作用是将歌曲特征向量映射到用户是否听过/喜欢该歌曲，其实就是用户的低维特征。

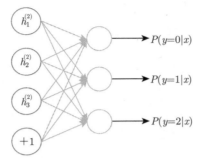

图 4.18　稀疏自编码第三个网络

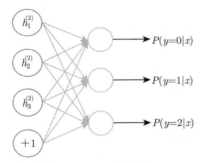

图 4.19　将三个网络组合起来

输出层，音乐的流派分类结果。

通过上面栈式自编码的学习，我们就可以把隐藏层 $h^{(2)(k)}$ 取出来，它就是歌曲以流派分类为目标降维压缩后的向量。该向量不仅使用到了用户的群体收藏行为，也运用了歌曲的流派特征信息，可以表示歌曲更多的特征信息。类似上一节中的 SVD 的方法，我们就可以通过歌曲的特征向量求得歌曲的相似度，对用户未收藏的歌曲进行打分。

由于神经网络计算较为烦琐，我们建议读者使用 tensorFlow 完成网络结构的设计和训练，下面我们为读者讲解栈式自编码的 tensorFlow 实现代码：

（1）读取训练数据，数据中第一列为 songid，即歌曲 id；第二列是流派 id，第三列起是用户是否收藏的数据。设定模型基本参数，包括栈式自编码各层神经元的个数。模型的输入层对应用户数，输出层是音乐流派数量。

```python
from __future__ import division, print_function, absolute_import

import tensorflow as tf
import numpy as np
import matplotlib.pyplot as plt
import pandas as pd
from keras.utils import to_categorical

##读入训练数据, 形如123,17,0,1,0,0,1 ##(songid,genreid,user1,user2,user3...)
all_df = pd.read_table("../SAE/tain.txt",header=None
            ,encoding='utf8',sep=',',skiprows=1)
all_df = all_df.sample(frac = 1)
y_data = to_categorical(np.array(all_df['genre']))
all_df = all_df.drop(['genre','id'])
x_data = np.array(all_df)

## 参数
learning_rate = 0.01    ####学习率
training_epochs = 20    ##训练的周期
batch_size = 256        ##每一批次训练的大小
display_step = 1        ##是否显示计算过程



## 神经网络的参数
n_input = x_data.shape[1]      ## 输入层维度
n_hidden_1 = 1024              ## 隐层1的神经元个数
n_hidden_2 = 512              ## 隐层2神经元个数
n_hidden_3 = 128              ## 隐层3神经元个数
n_output = y_data.shape[1]    ## 音乐流派分类数
```

（2）初始化 3 个网络所用到的模型参数，以第一个自编码网络为例（见图 4.16），weights. encoder_h1 和 biases. encoder_h1 对应输入层到隐藏层的权重及偏置项，weights. decoder_h1 和 biases. decoder_h1 对应隐藏层到输出层的权重及偏置项：

```
## tf Graph input

X = tf.placeholder("float", [None, n_input])

weights = {
    'encoder_h1': tf.Variable(tf.random_normal([n_input, n_hidden_1])),
    'encoder_h2': tf.Variable(tf.random_normal([n_hidden_1, n_hidden_2])),
    'decoder_h1': tf.Variable(tf.random_normal([n_hidden_1, n_input])),
    'decoder_h2': tf.Variable(tf.random_normal([n_hidden_2, n_hidden_1])),
    'softmax_w': tf.Variable(tf.random_normal([n_hidden_2, n_output])),
}
biases = {
    'encoder_b1': tf.Variable(tf.random_normal([n_hidden_1])),
    'encoder_b2': tf.Variable(tf.random_normal([n_hidden_2])),
    'decoder_b1': tf.Variable(tf.random_normal([n_input])),
    'decoder_b2': tf.Variable(tf.random_normal([n_hidden_1])),
    'softmax_b': tf.Variable(tf.random_normal([n_output])),
}
```

（3）第一个自编码模型的网络图定义及训练。其中 x 为网络输入，h1_out 为隐藏层，用 sigmoid 或者 relu 进行激活，h1_out_drop 为增加 dropout 的结果，防止模型出现过拟合，X_1 为模型输出。loss1 为损失函数的定义。

```
##*********************** 1st hidden layer **************
X = tf.placeholder("float", [None, n_input])

h1_out =tf.nn.sigmoid(tf.add(tf.matmul(X, weights['encoder_h1']),
                                    biases['encoder_b1']))
keep_prob = tf.placeholder("float")
h1_out_drop = tf.nn.dropout(h1_out,keep_prob)

X_1 = tf.nn.sigmoid(tf.matmul(h1_out_drop,
                        weights['decoder_h1'])+biases['decoder_b1'])

loss1 = tf.reduce_mean(tf.pow(X - X_1, 2))
train_step_1 = tf.train.GradientDescentOptimizer(learning_rate).minimize(
    loss1)
```

```
sess=tf.Session()
sess.run(tf.variables_initializer([weights['encoder_h1'],biases['encoder_b1']
            , weights['decoder_h1'],biases['decoder_b1']]))
## training
for i in range(training_epochs):
    batch_x,batch_y =  mnist.train.next_batch(batch_size)
    _,c=sess.run([train_step_1,loss1],feed_dict={X:batch_x, keep_prob:1.0})
    if i%5==0:
        print(c)
```

（4）第二个自编码模型的网络图定义及训练。网络结构和参数与第 3 步类似。

```
##************************* 2nd hidden layer *************

h2_x = tf.placeholder("float", shape = [None, n_hidden_1])

h2_out = tf.nn.sigmoid(tf.matmul(h2_x,weights['encoder_h2']) + biases['
    encoder_b2'])

h2_out_drop = tf.nn.dropout(h2_out,keep_prob)

h2_in_decode = tf.nn.sigmoid(tf.matmul(h2_out_drop, weights['decoder_h2']) +
    biases['decoder_b2'])

loss2 = tf.reduce_mean(tf.pow( h2_x- h2_in_decode , 2))
train_step_2 = tf.train.GradientDescentOptimizer(learning_rate).minimize(
    loss2)

for i in range(training_epochs):
        ##batch_x = numpy.reshape(batch_x,[batch_size,sample_length])
    h1_out=[]
    batch_x,batch_y =  mnist.train.next_batch(batch_size)
    temp=tf.nn.sigmoid(tf.add(tf.matmul(batch_x, weights['encoder_h1']),
                                biases['encoder_b1']))
    h1_out.extend(sess.run(temp))

    _, c=sess.run([train_step_2,loss2]
                    ,feed_dict={h2_x:h1_out,keep_prob:1.0})
    if i%5==0:
```

```
          print(c)
##h2_out = tf.nn.sigmoid(tf.matmul(h1_out
              ,weights['decoder_h2']) + biases['decoder_b2'])
##get result of 2nd layer as well as the input of next layer
```

（5）第三个网络比以上两个网络更为简单，主要作用为 softmax 输出。这里的损失函数我们使用 cross_entropy 交叉熵来提高迭代效率。

```
##************************ softmax layer ***************
y_ = tf.placeholder("float", shape = [None, n_output])
soft_x = tf.placeholder("float", shape = [None, n_hidden_2])

y_out = tf.nn.softmax(tf.matmul(soft_x, weights['softmax_w']) +
    biases['softmax_b'])

cross_entropy = -tf.reduce_sum(y_ * tf.log(y_out))
train_step_soft = tf.train.GradientDescentOptimizer(
                    learning_rate).minimize(cross_entropy)
correct_prediction = tf.equal(tf.argmax(y_out, 1), tf.argmax(y_, 1))
accuracy = tf.reduce_mean(tf.cast(correct_prediction, "float"))

sess.run(tf.variables_initializer([weights['softmax_w'],
                                    biases['softmax_b']]))


for i in range(training_epochs):
    h2_out=[]
    batch_x,batch_y = mnist.train.next_batch(batch_size)
    for i in range(batch_size):
        temp=tf.nn.sigmoid(tf.add(tf.matmul(batch_x[i].reshape([1,784]),
            weights['encoder_h1']),
                                    biases['encoder_b1']))

        temp=tf.nn.sigmoid(tf.add(tf.matmul(temp, weights['encoder_h2']),
                                    biases['encoder_b2']))
        h2_out.extend(sess.run(temp))

    sess.run(train_step_soft,feed_dict={soft_x:h2_out, y_:batch_y,
        keep_prob:1.0})
```

```
if i%5 == 0:
    print(sess.run(accuracy, feed_dict={soft_x:h2_out, y_:batch_y, keep_
        prob:1.0}))
```

# 4.3　基于社交网络的推荐算法

近年来，互联网不断发展与普及，尤其是手持设备的智能化与移动互联网的普及化，使得用户数量增加，在线时间加长。在这样的互联网浪潮中，参与的用户在不断地将线下社交人脉往线上迁移，由此形成了社交网络。在社交网络中，志趣相投的用户聚集到了一起，并且由于用户可以选择关注自己感兴趣的内容，使得社交网络拥有高访问量和高聚集度的特点。从各大电商与新浪微博的合作推广，到 Facebook 个性化广告系统的繁荣发展，都是社交网络商业化进程的体现。而其中对用户兴趣爱好进行挖掘分析，并向用户推荐其最可能感兴趣和接受的商品或广告的核心，便是基于社交网络的推荐系统。

美国著名的第三方调查机构尼尔森调查了影响用户相信某个推荐的因素，调查结果显示，9 成的用户相信朋友对他们的推荐，7 成的用户相信网上其他用户对广告商品的评论。从该调查可以看到，好友的推荐对于增加用户对推荐结果的信任度非常重要。在社交网站中，可以通过好友给自己过滤信息，只关注与阅读和自己有共同的兴趣好友分享而来的信息，从而避免了很多无关的信息，自然减轻了信息过载问题。

在社交网站方面，国外以 Facebook 和 Twitter 为代表，国内社交网站，以新浪微博、QQ 空间等为代表；这些社交网站形成了两类社交网络结构。一种是好友一般都是自己在现实社会中认识的人，比如同事、同学、亲戚等，并且这种好友关系是需要双方确认的，如 Facebook、QQ 空间，这种社交网络称为社交图谱。另一种是好友往往都是现实中互不相识的，只是出于对对方言论的兴趣而建立好友关系，好友关系也是单向的关注关系，如 Twitter、新浪微博，这种社交网络称为兴趣图谱。同时必须指出，任何一个社会化网站都不是单纯的社交图谱或兴趣图谱。在 QQ 空间中大多数用户联系基于社交图谱，而在微博上大多数用户联系基于兴趣图谱。在微博中，也会关注现实中的亲朋好友，在 QQ 中也会和部分好友有共同兴趣。在社交网络的背景下，推荐系统不单单需要关注用户与物品之间的关系，还要关注用户之间的关系，本章就会介绍几种在基于社交网络推荐时可能会用到的方法。

## 4.3.1　基于用户的推荐在社交网络中的应用

在社交网络中，需要表示用户之间的联系，可以用图 $G(V, E, W)$ 定义一个社交网络，如图 4.20 所示，其中 $V$ 是顶点集合，每个顶点代表一个用户，$E$ 是边集合，如果用户 $V_a$ 和 $V_b$ 有社交网络关系，那么就有一条边 $e(V_a, V_b)$ 连接这两个用户，$W(V_a, V_b)$ 用来定义边的权重。前面提到基于社交图谱或兴趣图谱的两种社交网络，基于社交图谱的朋友关系是需要双向确认的，因而可以用无向边连接有社交网络关系的用户；基于兴趣图谱的朋友关系是单向的，可以用有向边代表这种社交网络上的用户关系。

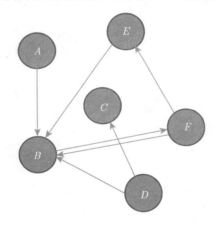

图 4.20　社交网络关系图示例

一般在图中，对于用户顶点 $u$，定义 out $(u)$ 为顶点 $u$ 指向的顶点集合（也就是用户 $u$ 关注的用户集合），定义 in $(u)$ 为指向顶点 $u$ 的顶点集合（也就是关注用户 $u$ 的用户集合）。显然在无向社交网络中 out $(u)$ =in $(u)$。一般来说，有如下 3 种不同的社交网络数据。

双向确认的社交网络数据：在以 Facebook 和人人网为代表的社交网络中，用户 $A$ 和 $B$ 之间形成好友关系需要通过双方的确认。因此，这种社交网络一般可以通过无向图表示。

单向关注的社交网络数据：在以 Twitter 和新浪微博为代表的社交网络中，用户 $A$ 可以关注用户 $B$ 而不需要得到用户 $B$ 的允许，因此这种社交网络中的用户关系是单向的，可以通过有向图表示。

基于社区的社交网络数据：还有一种社交网络数据，用户之间并没有明确的关系，但是这种数据包含了用户属于不同社区的数据。比如知乎中的"话题"，用户可能共同关注了某个话题，他们兴趣相似，但是却没有真正建立好友关系。

有了用户之间的网络关系，我们需要进一步把用户与物品之间的关系融合进来。如图 4.21 所示，图中用户 $B$ 对物品 $i1$ 和 $i4$ 产生过关联（购买、收藏等），且被用户 $A$ 和用户 $E$ 关注，和用户 $F$ 相互关注。

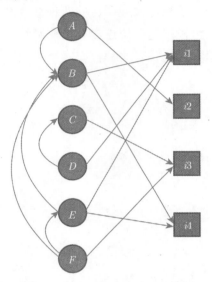

图 4.21　融入用户关系和物品关系

我们在（4.2.2）节中介绍了基于用户的协同推荐算法，主要思路是使用用户与物品之间的关系计算用户相似度。那么有了用户关系数据之后，我们同样可以使用用户好友或关注的数据计算用户之间的相似度，主要有以下几种方法：

1）对于用户 $u$ 和用户 $v$，可以使用共同好友比例计算他们的相似度：

$$w_1(u,v) = \frac{|out(u) \bigcap out(v)|}{\sqrt{|out(u)| \cdot |out(v)|}} \tag{4-30}$$

公式（4-30）与基于用户的协同计算公式（4-6）类似，所不同的是上式中 $out(u)$ 的定义是在社交网络图中用户 $u$ 指向的其他好友的集合。$out(u) \bigcap out(v)$ 定义用户 $u$ 和用户 $v$ 共同指向好友的数量。该相似度的计算与（4.2.2）节中计算用户相似度的方法类似，但是在实际生产环境中，用户的量级往往比较大，且数据库中存储的一般是好友关系对这样的二元数据，因此我们建议读者使用 Spark 中 Graphx 模块去计算共同好友数量，相较于Python 可以提升 3 倍以上的计算效率。

```
##refers to http://blog.csdn.net/u010990043/article/details/79114807

import org.apache.spark.graphx.{GraphLoader, VertexRDD}
import org.apache.spark.{SparkConf, SparkContext}

object GraphRale {
  /**
    * 数据列表的笛卡尔乘积: 1,2,3,4=>(1,2),(1,3),(1,4),(2,3),(2,4),(3,4)
    *@ param input
    *@ return
    */
  def ciculate(input:List[Long]):Set[String]={
    var result = Set[String]()
    input.foreach(x=>{
      input.foreach(y=>{
        if(x<y){
          result += s"${x}|${y}"
        }else if(x>y){
          result += s"${y}|${x}"
        }
      })
    })
    return result;
  }
  def twoDegree()={
    val conf = new SparkConf().setMaster("common friends").setAppName("graph"
      )
    val sc = new SparkContext(conf)
    ##输入数据为好友关系对, 每一行为2个id
    val graph = GraphLoader.edgeListFile(sc,"./newtwork/grap.txt")
    ##将形如(a,b),(a,c),(a,f)的关系对转化为a->list(b,c,f)
    val relate: VertexRDD[List[Long]] = graph.aggregateMessages[List[Long]](
      triplet=>{
        triplet.sendToDst(List(triplet.srcId))
      },
      (a,b)=>(a++b)
    ).filter(x=>x._2.length>1)
```

```
##a->list(b,c,f)中bcd用户均有共同好友a
val re = relate.flatMap(x=>{
    for{temp <- ciculate(x._2)}yield (temp,1)
}).reduceByKey(_+_)

re.foreach(println(_))
}
def main(args: Array[String]): Unit = {
    twoDegree()
}
}
```

2）使用共同被关注的用户数量计算用户之间相似度，只要将公式（4-30）中 $out(u)$ 修改为 $in(u)$:

$$w_2(u,v) = \frac{|in(u) \bigcap in(v)|}{\sqrt{|in(u)| \cdot |in(v)|}} \tag{4-31}$$

$in(u)$ 是指用户 $u$ 被其他用户指向的集合。在无向社交网络图中，$out(u)$ 和 $in(u)$ 是相同的集合。但在微博这种有向社交网络中，这两个集合的含义就不同了。一般来说公式（4-31）适用于计算大 $V$ 之间的相似度，因为大 $V$ 往往被关注的人数比较多；公式（4-30）适用于计算普通用户的兴趣相似度，因为普通用户往往关注行为比较丰富。计算代码与方法 1）类似。

3）除此之外，我们还可以定义第三种有向的相似度：这个相似度的含义是用户 $u$ 关注的用户中，有多大比例也关注了用户 $v$:

$$w_3(u,v) = \frac{|out(u) \bigcap in(v)|}{|out(u)|} \tag{4-32}$$

但是，这个相似度有一个缺点，就是在该相似度的定义下所有人都和大 $V$ 有很大的相似度，这是因为公式（4-32）中的分母并没有考虑 $in(v)$ 的大小，所以我们把 $in(v)$ 加入到公式（4-32）的分母，来降低大 $V$ 与其他用户的相似度。

$$w_4(u,v) = \frac{|out(u) \bigcap in(v)|}{\sqrt{|out(u)| \cdot |in(v)|}} \tag{4-33}$$

有了基于社交网络的用户相似度数据，我们结合 3.2.2 节中介绍的基于用户协同中的相似度共同计算出新的相似度分数：

$$w'(u,v) = \theta w_{baseNet}(u,v) + (1-\theta)w_{baseUser}(u,v) \tag{4-34}$$

其中 $w_{baseNet}(u,v)$ 就是我们上面通过社交网络关系计算的用户相似度分数，$w_{baseUser}(u,v)$ 是 4.2.2 节中介绍的基于用户协同的相似度。然后再针对用户 $u$ 挑选 $k$ 个最相似的用户，把他们购买过的物品中，$u$ 未购买过的物品推荐给用户 $u$ 即可。如果有评分数据，可以针对这些物品进一步打分，打分的原理与基于用户的协同推荐原理类似，公式如下：

$$p_{ui} = \sum_{N(i)\bigcap S(u,k)} w'(u,v)score_{vu} \tag{4-35}$$

## 4.3.2　node2vec 技术在社交网络推荐中的应用

在上一节中我们提出了基于用户社交网络计算用户相似度的方法。但对于新浪微博、QQ、微信这样大规模的社交关系，离线计算好用户的相似度并存储下来供线上推荐系统使用，显然不合理的。那能否用一个坐标表示来描述用户在社交网络中的位置？这样只需提前计算好用户坐标，线上计算用户之间的相似度时，只要计算坐标的距离或者余弦相似度即可。我们参考《node2vec: Scalable Feature Learning for Networks》[①]，可以通过 network embedding 的方法来计算用户的坐标。network embedding 就是一种图特征的表示学习方法，它从输入的网络图中，学习到节点的表达。

node2vec 的整体思路分为两个步骤，第一个步骤为 random walk（随机游走），即通过一定规则随机抽取一些点的序列。第二个步骤是将点的序列输入至 Word2Vec 模型从而得到每个点的 embedding 向量。下面我们将分别介绍这两个步骤的计算方法。

1. random walk

random walk 的基本流程，给定一张图 $G$ 和一个起始节点 $S$，标记起始节点位置为当前位置，随机选择当前位置节点的一个邻居并将当前位置移动至被选择的邻居位置，重复以上步骤 $n$ 次，最终会得到从初始节点到结束节点的一条长度为 $n$ 的“点序列”，此条“点序列”即称为在图 G 上的一次 random walk。

假设我们的起始节点为 $A$，随机游走步数为 4。首先从 $A$ 开始，有 $B$、$E$ 两个节点可游走到，我们随机选择 $B$；再从 $B$ 开始，有 $A$、$E$、$F$ 三个备选下一节点，随机选择节点为 $F$；再从 $F$ 开始，于 $B$、$C$、$D$、$E$ 四个节点，我们随机取 $C$；再从 $C$ 开始，游走到 $H$，这样我们就获取了一条 random walk 路径：$A \rightarrow B \rightarrow F \rightarrow C \rightarrow H$。

---

① 《node2vec: Scalable Feature Learning for Networks》Adita Grover, Jure Leskoves.

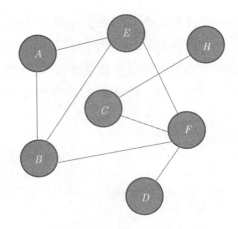

图 4.22　社交网络关系图示例

由上面的示例中可以看出，random walk 算法主要分为两步：(1) 选择起始节点；(2) 选择下一跳节点。其中起始节点的选择存在两种常见做法，其一，按照一定规则随机从图中抽取一定数量的节点；其二，以图中所有节点作为起始节点。一般来说我们选择第 2 种方法，以使所有节点都会被选取到。

那么下面我们就要解决如何选择下一跳节点的问题。最简单的方法是按照边的权重随机选择；但是在实际应用中，我们希望能控制广度优先还是深度优先，从而影响 random walk 能够游走到的范围。一般来说，深度优先的方法，发现能力更强；广度优先的方法，社区内的节点更容易出现在一个路径里。斯坦福大学计算机教授 Jure Leskovec 给出了一种可以控制广度优先或者深度优先的方法。

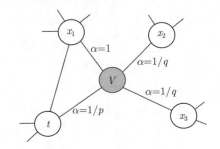

图 4.23　社交网络关系图示例

以图 4.23 为例，我们假设第一步是从 $t$ 随机游走到 $v$，这时候我们要确定下一步的邻接节点。在本例的随机游走中，作者定义了 $p$ 和 $q$ 两个参数变量来调节游走，首先计算其邻居节点与上一节点 $t$ 的距离 $d$，根据公式（4-36）得到 $\alpha$。

$$\alpha = \begin{cases} 1/p, d = 0 \\ 1, d = 1 \\ 1/q, d = 2 \end{cases} \tag{4-36}$$

当下一节点选择为 $t$，即往回走的时候，$d = 0$；当下一节点为 $x_1$ 时，$v$、$t$ 和 $x_1$ 构成三角形，$d = 1$；当下一节点为 $x_2$ 或者 $x_3$ 时，$d = 2$。这时根据 $\alpha$ 的值确定下一节点的选择概率。如果 $p$ 大于 $\max(q, 1)$，则产生的序列与深度优先搜索类似，刚刚被访问过的节点不太可能被重复访问；反之，如果 $p$ 小于 $\min(q, 1)$，则产生的序列与宽度优先搜索类似，倾向于周边节点。

至此，我们就可以通过 random walk 生成点的序列样本。一般来说，我们会从每个点开始游走 5~10 次，步长则根据点的数量 $N$ 游走 $\sqrt{N}$ 步。

2. Word2Vec

在上一步中，我们已经获得了点的序列样本，那么下一步我们需要解决的问题是，如何根据点序列生成每个点的特征向量，即我们前面提到的"坐标"。我们先抛开这个问题，聚焦在 Word2Vec 算法的意义上，下面作者会用一定的篇幅介绍该算法。理解该算法也有益于对下一章中特征构造的理解。事实上 Word2Vec 已成为现在主流的特征构造方法。Word2Vec 是从大量文本语料中以无监督的方式学习语义知识的一种模型，它被大量地运用在自然语言处理（NLP）中。Word2Vec 的核心目标是通过一个嵌入空间将每个词映射到一个空间向量上，并且使得语义上相似的单词在该空间内距离很近。举个例子，"国王"这个单词和"王子"属于语义上很相近的词，而"国王"和"公主"则不是那么相近，"国王"和"小丑"则就差得更远了。通过 Word2Vec 的学习，可以得到每个词的数值向量，例如（0.23,0.45,0.01 ….），我们希望"国王"和"王子"的数值向量比较接近，而"国王"和"小丑"的数值向量相差较远。数值向量化的操作也能帮助我们得到一些有趣的结论，例如"国王" – "王子" = "女王" – "公主"。

Word2Vec 模型中，主要有 Skip-Gram 和 CBOW 两种模型，我们先介绍 Skip-Gram 模型。

Skip-Gram 模型实际上分为两个部分，第一部分为建立模型，第二部分是通过模型获取嵌入词向量。整个建模过程实际上与本书 3.2.5 节中自编码器的思想很相似，即先基于训练数据构建一个神经网络，当这个模型训练好以后，我们并不会用这个训练好的模型处理新的任务，我们真正需要的是这个模型通过训练数据所学得的参数，例如隐层的权重矩阵，而它们正是我们希望得到的"word vectors"。我们在上面提到，训练模型的真正目的是获得模型基于训练数据学得的隐层权重。为了得到这些权重，我们首先要构建一个完整的神经网络作为我们的训练依据。

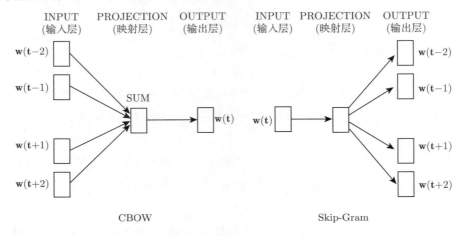

图 4.24　CBOW 和 Skip-Gram 示例

通过一个实例，来帮助我们对其进行理解。假如有一个句子"When the whole world is about to rain, let's make it clear in our heart together"。首先我们选取句子中间的一个词作为我们的输入词，例如，我们选取"world"作为（input word）。有了 input word 以后，我们再定义一个叫做 skipwindow 的参数，它代表着我们从当前 input word 的两侧获取到的词。如果我们设置 skipwindow=2，那么我们可以得到一个训练样本（world）−>（the, whole, is, about）。类似地，我们还可以得到（clear）−>（make, it, in, our）等训练样本。下面我们希望把这些训练样本输入到图 4.25 中 Skip-Gram 模型中。我们如何来把这些训练样本输入模型呢？首先，我们都知道神经网络只能接受数值输入，我们不可能把一个单词字符串作为输入，因此我们得想个办法来表示这些单词。最常用的办法就是基于训练文档来构建我们自己的词汇表（vocabulary），再对单词进行 one-hot 编码。假设从我们的训练文档中抽取出 10000 个唯一不重复的单词组成词汇表。我们对这 10000 个单词进行 one-hot 编码，得到的每个单词都是一个 10000 维的向量，向量每个维度的值只有 0 或者 1。假如单词"world"在词汇表中的出现位置为第 3 个，那么 world 的向量就是一个第三维度取值为 1，其他维都为 0 的 10000 维的向量（world =[0, 0, 1, 0, ⋯, 0]）。观察 Skip-Gram 模型的输入如果为一个 10000 维的向量，那么输出也是一个 10000 维（词汇表的大小）的向量，它包含了 10000 个概率，每一个概率代表着当前词是输入样本中

output word 的概率大小。图 4.25 是神经网络的结构：我们基于成对的单词来对神经网络进行训练，训练样本是（input word, output word）这样的单词对，例如上面提取出的样本（world）−>（the, whole, is, about）。且 input word 和 output word 都是 one-hot 编码的向量。最终模型的输出是一个概率分布。

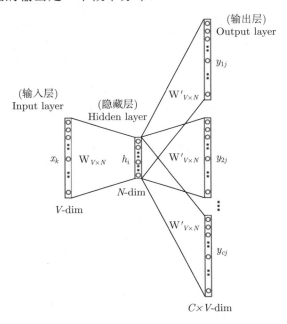

图 4.25　Skip-Gram 网络结构

说完单词的编码和训练样本的选取，我们来看下神经网络结构的隐藏层。如果我们现在想用 300 个特征来表示一个单词（每个单词可以被表示为 300 维的向量）。那么隐藏层的权重矩阵应该为 10000 行，300 列（隐藏层有 300 个节点）。这 300 列的向量就对应了我们输入单词的词向量。

Google 在最新发布的基于 Google News 数据集训练的模型中使用的就是 300 个特征的词向量。词向量的维度是一个可以调节的超参数（在 Python 的 gensim 包中封装的 Word2Vec 接口默认的词向量大小为 100，windowsize 为 5）。

那么为什么"国王"和"王子"的数值向量比较接近，而"国王"和"小丑"的数值向量相差较远呢？正如上面提到的 Word2Vec 模型的输出是一个概率分布，基于大量的语料数据，"国王"和"王子"前后的词出现的概率比较接近，所以训练得到的词向量也会比较接近，而"国王"和"小丑"的前后文往往不一样，所以得到的词向量也会不一样。

Word2Vec 代码库中关于 Skip-Gram 训练的代码，其实就是神经元网路的标准反向传播算法。项目的地址为：https://github.com/tmikolov/word2vec。读者可以把自己的语料放入该模型进行训练。下面给出 Skip-Gram 的核心训练代码：

```
{ //train skip-gram
    for (a = b; a < window * 2 + 1 - b; a++) if (a != window) {
      c = sentence_position - window + a;
      if (c < 0) continue;
      if (c >= sentence_length) continue;
      last_word = sen[c];
      if (last_word == -1) continue;
      l1 = last_word * layer1_size;
      for (c = 0; c < layer1_size; c++) neu1e[c] = 0;
      // HIERARCHICAL SOFTMAX
      if (hs) for (d = 0; d < vocab[word].codelen; d++) {
        f = 0;
        l2 = vocab[word].point[d] * layer1_size;
        // Propagate hidden -> output
        for (c = 0; c < layer1_size; c++) f += syn0[c + l1] * syn1[c + l2];
        if (f <= -MAX_EXP) continue;
        else if (f >= MAX_EXP) continue;
        else f = expTable[(int)((f + MAX_EXP) * (EXP_TABLE_SIZE / MAX_EXP /
            2))];
        // 'g' is the gradient multiplied by the learning rate
        g = (1 - vocab[word].code[d] - f) * alpha;
        // Propagate errors output -> hidden
        for (c = 0; c < layer1_size; c++) neu1e[c] += g * syn1[c + l2];
        // Learn weights hidden -> output
        for (c = 0; c < layer1_size; c++) syn1[c + l2] += g * syn0[c + l1];
}
```

与 Skip-Gram 对应的是 CBOW 模型，Skip-Gram 的输入是中心词，输出是上下文，而 CBOW 恰恰相反，是通过上下文来预测中心词，并且抛弃了词序信息：

输入层：$n$ 个节点（one-hot 向量的维度），上下文共 2×skip window 个词的词向量的平均值，即上下文 2×skip window 个词的 one-hot-representation；

输入层到输出层的连接边：输出词矩阵 $U_{|V| \times n}$。

输出层：$|V|$ 个节点。第 i 个节点代表中心词是词 $w_i$ 的概率。

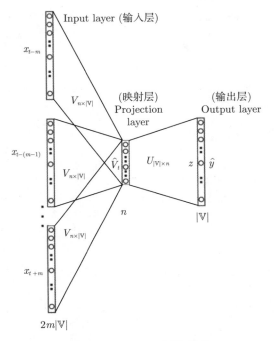

图 4.26　CBOW 网络结构

CBOW 模型把上下文的 2 个词向量求平均值"糅"成一个向量 $\hat{v}_t$ 然后作为输入，进而预测中心词；下面给出 CBOW 的核心训练代码：

```
if (cw) {
  for (c = 0; c < layer1_size; c++) neu1[c] /= cw;
  if (hs) for (d = 0; d < vocab[word].codelen; d++) {
    f = 0;
    l2 = vocab[word].point[d] * layer1_size;
    // Propagate hidden -> output
    for (c = 0; c < layer1_size; c++) f += neu1[c] * syn1[c + l2];
    if (f <= -MAX_EXP) continue;
    else if (f >= MAX_EXP) continue;
    else f = expTable[(int)((f + MAX_EXP) * (EXP_TABLE_SIZE / MAX_EXP /
        2))];
    // 'g' is the gradient multiplied by the learning rate
    g = (1 - vocab[word].code[d] - f) * alpha;
    // Propagate errors output -> hidden
    for (c = 0; c < layer1_size; c++) neu1e[c] += g * syn1[c + l2];
```

```
          // Learn weights hidden -> output
          for (c = 0; c < layer1_size; c++) syn1[c + l2] += g * neu1[c];
        }
        // NEGATIVE SAMPLING
        if (negative > 0) for (d = 0; d < negative + 1; d++) {
          if (d == 0) {
            target = word;
            label = 1;
          } else {
            next_random = next_random * (unsigned long long)25214903917 + 11;
            target = table[(next_random >> 16) % table_size];
            if (target == 0) target = next_random % (vocab_size - 1) + 1;
            if (target == word) continue;
            label = 0;
          }
          l2 = target * layer1_size;
          f = 0;
          for (c = 0; c < layer1_size; c++) f += neu1[c] * syn1neg[c + l2];
          if (f > MAX_EXP) g = (label - 1) * alpha;
          else if (f < -MAX_EXP) g = (label - 0) * alpha;
          else g = (label - expTable[(int)((f + MAX_EXP) * (EXP_TABLE_SIZE /
              MAX_EXP / 2))]) * alpha;
          for (c = 0; c < layer1_size; c++) neu1e[c] += g * syn1neg[c + l2];
          for (c = 0; c < layer1_size; c++) syn1neg[c + l2] += g * neu1[c];
        }
        // hidden -> in
        for (a = b; a < window * 2 + 1 - b; a++) if (a != window) {
          c = sentence_position - window + a;
          if (c < 0) continue;
          if (c >= sentence_length) continue;
          last_word = sen[c];
          if (last_word == -1) continue;
          for (c = 0; c < layer1_size; c++) syn0[c + last_word * layer1_size
              ] += neu1e[c];
        }
      }
    }
```

最后，word analogy 是一种有趣的现象，可以作为评估词向量质量的一项任务。word analogy 是指训练出的 word embedding 可以通过加减法操作，来对应某种关系。比如说图 4.27（左）中，有 $w$（国王）$-w$（女王）$\approx w$（男人）$-w$（女人）。那么评测时，则是已知这个式子，给出国王、女王和男人三个词，看与 $w$（国王）$-w$（女王）$+w$（女人）最接近的是否是 $w$（男人）。右图则表示，word analogy 现象不只存在于语义相似，也存在于语法相似。

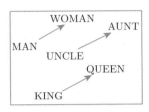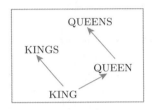

图 4.27　word analogy 示例

这样我们就基本了解了 Word2Vec 的训练过程，回到 node2vec 的训练，下面的思路其实就和 Word2Vec 基本一致了。我们从上一步获得的训练样本是用户节点串，形如 $A{\rightarrow}B{\rightarrow}F{\rightarrow} C{\rightarrow}H{\rightarrow}\cdots$，每一个节点其实对应了 Word2Vec 中的单词，模型的输入是某个用户的 one-hot 编码，输出是该用户在节点串中前后的节点，例如输入是 $F$ 的编码，输出是 $A$、$B$、$C$、$H$ 的概率分布。最后得到的输出是每个节点（即用户）的 Word2Vec 向量。

有了数值化的向量，对于任意两个用户，我们就可以余弦（在 4.1.2 节中有具体计算代码）或霍氏距离计算这两个用户的相似度。之后的计算过程就和本书 3.3.1 节介绍的方法一致。针对用户 $u$ 挑选 $k$ 个最相似的用户，把他们购买物品中 $u$ 未购买过的推荐给用户 $u$ 即可。为了减少计算量，我们往往会仅计算用户 $u$ 和其关注用户的相似度，而不是计算用户 $u$ 与所有用户的相似度。

完整的 node2vec 训练可以参考项目源码 http://snap.stanford.edu/node2vec/，使用说明如下：

```
The code works under Windows with Visual Studio or Cygwin with GCC,
Mac OS X, Linux and other Unix variants with GCC. Make sure that a
C++ compiler is installed on the system. Visual Studio project files
and makefiles are provided. For makefiles, compile the code with
"make all".
```

/////////////////////////////////////////////////////////////

```
Parameters:
##输入图路径
Input graph path (-i:)
##输出路径
Output graph path (-o:)
##输出向量的维度
Number of dimensions. Default is 128 (-d:)
##每次随机游走的步数
Length of walk per source. Default is 80 (-l:)
##每个起始点的路径个数
Number of walks per source. Default is 10 (-r:)
##词窗口大小
Context size for optimization. Default is 10 (-k:)
##迭代次数
Number of epochs in SGD. Default is 1 (-e:)
Return hyperparameter. Default is 1 (-p:)
Inout hyperparameter. Default is 1 (-q:)
Verbose output. (-v)
##是否有向边
Graph is directed. (-dr)
##是否有权重边
Graph is weighted. (-w)
Output random walks instead of embeddings. (-ow)


////////////////////////////////////////////////////////


Usage:
./node2vec -i:graph/karate.edgelist -o:emb/karate.emb -l:3 -d:24
   -p:0.3 -dr -v
```

# 4.4 推荐系统的冷启动问题

## 4.4.1 如何解决推荐系统冷启动问题

冷启动（cold start）在推荐系统中表示该系统积累数据量过少，无法给新用户作个性化推荐的问题，这是产品推荐的一大难题。每个有推荐功能的产品都会遇到冷启动的问题。一方面，当新商品时上架也会遇到冷启动的问题，没有收集到任何一个用户对其浏览、点击或者购买的行为，也无从判断如何将商品进行推荐；另一方面，新用户到来的时候，如果没有他在应用上的行为数据，也无法预测其兴趣，如果给用户的推荐千篇一律，没有亮点，会使用户在一开始就对产品失去兴趣，从而放弃使用。所以在冷启动的时候要同时考虑用户的冷启动和物品的冷启动。

基本上，冷启动问题可以分为以下三类。

用户冷启动：用户冷启动主要解决如何给新用户作个性化推荐的问题。当新用户到来时，我们没有他的行为数据，所以也无法根据他的历史行为预测其兴趣，从而无法借此给他做个性化推荐。

物品冷启动：物品冷启动主要解决如何将新的物品推荐给可能对它感兴趣的用户这一问题。

系统冷启动：系统冷启动主要解决如何在一个新开发的网站上（还没有用户，也没有用户行为，只有一些物品的信息）设计个性化推荐系统，从而在产品刚上线时就让用户体验到个性化推荐服务这一问题。

第一部分：针对用户冷启动，下面给出一些解决方案。

方案一：有效利用用户的账户信息。

利用用户的账号信息。一般来说，国内腾讯的 QQ 号、微信号，淘宝的旺旺号，新浪的微博号，国外的 Google 账号、Facebook 账号已经成为大部分 APP 的快速注册账号。如图 4.28 所示，网站或 APP 可以通过公开的 SDK 支持外部账号的登录。

图 4.28　某网站登录页面

如果用户使用这些账号进行登录，我们可以通过账号信息追溯用户在其他平台上的行为，作为冷启动的参考。例如，某用户在腾讯视频经常看游戏动漫频道，如果在音乐 APP 对其推荐日本 ACG 歌曲可能会比华语流行歌曲更好。如果读者在新建一个 APP 或者网站，不妨接入这些公开的 SDK，开发者可以登录 https://connect.qq.com/，通过以下几个步骤，即可接入互联开放平台：注册开发者→创建应用→完善信息并获取接口。下面给出 QQ 接入的参考。

1）注册开发者，在 QQ 互联开放平台首页 https://connect.qq.com/，点击右上角的"登录"按钮，使用 QQ 账号登录，如图 4.29 所示。登录成功后会跳转到开发者注册页面，在注册页面按要求提交公司或个人的基本资料。如图 4.29 所示的是公司注册页面。

2）按要求提交资料后，审核人员会进行审核，通过审核即可成为开发者。进行网站应用及移动应用接入申请。应用接入前，需首先进行申请，获得对应的 appid 与 appkey，以保证后续流程中可正确对网站与用户进行验证与授权。

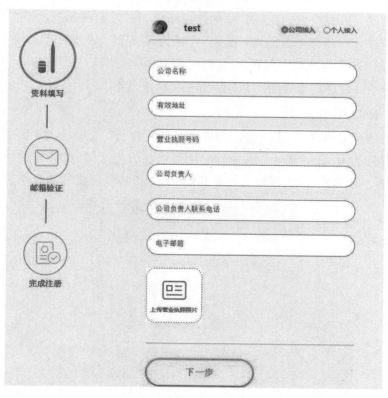

图 4.29　QQ 互联开放注册平台 1

3）创建应用：开发者注册完成后，点击"应用管理"按钮。跳转到 QQ 互联管理中心页面，点击创建应用。

图 4.30　QQ 互联开放注册平台 2

4）选择需要创建的应用类型，我们以网站应用为例。网站信息填写完成，点击"创建应用"后，网站应用创建完成。点击"应用管理"，进入管理中心，在管理中心可以查看到网站获取的 appid 和 appkey，如图 4.32 所示。

图 4.31　QQ 互联应用管理页面 1

图 4.32　QQ 互联应用管理页面 2

5）网站信息完善：点击"应用中心"，在应用中心右侧的侧边栏中点击"查看"，进入应用详情页面。在应用详情页面可点击"修改"来编辑应用的"基本信息"和"平台信息"。之后点击"应用接口"可查看已获取的接口（如图 4.33 所示），就能看到可以使用 QQ 登录功能。

图 4.33　QQ 互联 QQ 登录功能获取

方案二：利用用户的手机 IMEI 号进行冷启动。

有 Android 系统的手机开放度较高，因此对于各大商家来说多了很多了解用户的机会。iPhone 也有类似的接口可以获取到 OpenUDID 来区分不同的设备。比如大家在淘宝浏览了某些物品后，在今日头条、网易新闻等 APP 的广告推荐中，就立刻有了相关产品的广告，这就是因为他们在背后已经用设备号将你在不同 APP 中的行为连接起来了。

方案三：制造选项，让用户选择自己感兴趣的点后，即时生成粗粒度的推荐。

相对于前面两个方案来说，这种路径不够自然，用户体验相对较差，但是如果给予足够好的设计，还是能吸引用户去选择自己感兴趣的点，而使转化率得以提升。比如在 QQ 音乐 APP 中就有用户偏好的选择页面，如下图所示，网易云音乐也有类似的功能入口。

图 4.34　QQ 音乐 APP 中的偏好选择

第二部分：针对物品的冷启动的解决方案

方案一：利用物品的内容信息。

物品冷启动需要解决的问题是如何将新加入的物品推荐给对它感兴趣的用户。这时候最基本的方法是通过物品描述等文字中的语义来计算其相似度。常用的算法有 TF-IDF，在本书的 3.1.2 节中已有详细的介绍，读者可在该章节中获取 TF-IDF 的算法思想和计算方法。

方案二：利用专家标注的数据。

2009 年 Amatriain 等人发表在 ACM 的一篇关于推荐系统的文章《The wisdom of the few: a collaborative filtering approach based on expert opinions from the web》。所谓少数人的智慧，实际指的是作者提出的基于专家的协同过滤（CF）在某些方面要优胜于传统的 CF 算法。在某些场景下，基于专家标注的数据效果甚至好于基于用户行为的数据。例如国外的 Pandora 音乐 APP 中，描述一首歌曲的特征细化到了歌曲的编曲、乐器搭配、乐器演奏特征、风格、根源、人声的特征、曲调、旋律特征等维度，并且以一种非常客观的角度来描述歌曲的特征，是一种所有人耳朵都能接触到的物理属性，即不会随欣赏者阅历的不同而有不同的认知，其中排除了情感属性。而且 Pandora 能显示出来的这些标签仅仅是音乐基因非常小的一部分，还有很多其他没有曝光的音乐标签，但也足以窥见这是种专业而客观的描述方式，把一首歌当作一个看得见摸得着的物品进行剖析，用标签来描述它。下面介绍如何通过专家数据进行推荐。

首先定义专家，他们必须是这样的一群人：在一个特定的领域内，他们能对该领域内的条目给出深思熟虑的、一致的、可靠的评价（打分）。在《The wisdom of the few》这篇文章里，作者并没有详细地探讨如何从数据中发现一批领域专家，他们挑选的是一批从 http://rottentomatoes.com 爬取的现成的电影评论专家，这样可以使得他们讨论的主题更为集中，因为这些专家都是经过人工筛选的，所以，可以忽略因专家挑选算法的不足而给后续算法与分析带来的偏差。为了对比效果，选择以下两个数据集。

1）来自 Netflix 的一个庞大的电影打分集。

2）如上所描述的从 http://rottentomatoes.com 爬取筛选的专家用户打分集。专家数据集有 169 个经过筛选的用户，他们的打分记录都大于等于 250 个。经过两个数据集中电影的匹配，剩下 8000 部两个数据集中都出现过的电影，占原 Netflix 电影全集的 50% 左右。

同时专家的打分数据与普通用户的打分数据有比较大的差异。

1）专家打分的数据集比用户打分更加稠密。

图 4.35 是一个累积分布图（CDF），对两个数据集各作一条线。其中（a）中的每一个点 $(x, y)$ 表示打分人数 $\leqslant x$ 的电影占电影总数的比例；类似地，图（b）中的每一个点 $(x, y)$ 表示打分记录 $\leqslant x$ 的用户占用户总数的比例。结论：专家用户的打分比一般用户要多得多，数据集也要稠密得多。实际上，数据集 2 的稀疏系数约为 0.07（用户评分矩阵中非 0 元素的比例），而数据集 1 的稀疏系数约为 0.01。图（a）中专家曲线在 $y$ 上的截距为 0.2，表示有 20% 的电影其实只有一个人打过分。

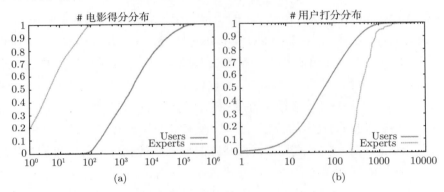

图 4.35　(a) 为每部电影被打分的分布, (b) 为每个用户打分的分布

2）专家打分的数据比用户打分一致性更强。

图 4.36 是每部电影的平均分分布和用户平均分分布。其中（a）表示，专家用户的曲线在高分段占有更多的电影，说明他们对好电影的认同更为一致；（b）表示，专家用户自

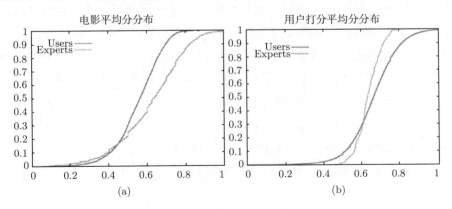

图 4.36　(a) 为每部电影平均分分布, (b) 为每个用户平均分分布

己平均评分的变化范围不大，但对电影的覆盖面更广，即无论好片还是烂片，都有一定量的打分记录，而一般用户正好相反。说明专家用户的打分并不依赖于这是否好片，只是一个客观的评价，而一般用户并不倾向于收藏烂片。

既然专家的数据更加优质，也可以在新物品没有用户行为数据的情况下使用，那么我们为什么不使用专家数据进行协同呢？专家 CF 算法跟传统的基于用户的 CF 算法基本是一致的，只是把原来用户的评分数据替换成了专家评分数据，从而计算出物品的相似度，方法可以参考本书 3.2.1 节。作者也使用 MAE（Mean Absolute Error）评价指标对基于专家和基于用户的数据集进行比较，结果如下表所示，专家 CF 比专家平均的 MAE 有很大的信息增益效果，虽然比传统 CF 要差，但覆盖度却比传统 CF 要大。

| 方法比较 | 平均误差 | 召回率 |
| --- | --- | --- |
| 评论家选择 | 0.885 | 100% |
| 基于专家数据的CF | **0.781** | **97.7%** |
| 基于用户的CF | 0.704 | 92.9% |

图 4.37　基于专家数据的 CF 与基于用户数据 CF 比较

## 4.4.2　深度学习技术在物品冷启动上的应用

基于专家的 CF 方法，可以降低对用户行为数据的依赖，解决新物品冷启动的问题。但是对于大部分初创公司或者刚刚启动的 APP，没有能力也没有足够的资金获得如此大量的专家数据。那是不是就没有其他解决办法了呢？答案是否定的。深度学习技术的推广，为我们打开了一扇新的大门，让我们可以减少对外部数据的依赖，直接从物品本质内容上去理解它。本节将为读者介绍两个案例：一个是音乐推荐，基于音频文件，训练流派分类模型，对于新歌曲也可以获得流派高维特征，以此对物品进行分类；一个是短视频的推荐，基于视频图像，对于人像进行魅力值打分，结果也可作为冷启动的特征。

案例一：CNN 在音频流派分类上的应用。

在音乐推荐中，音乐流派是相当重要的特征。前面也有提到国外的 Pandora 音乐 APP 中，通过专家数据描述歌曲的特征细化到了歌曲的编曲、乐器搭配、乐器演奏特征、风格、根源、人声的特征、曲调、旋律特征等这些维度。

一般来说，人们可以通过一定音乐常识的积累，对一首歌曲进行分类。专家在几秒钟内，可以判断一首歌曲是民谣、摇滚还是爵士。然而，尽管这项任务对我们来说很简单，但是音乐的数据库是庞大的，像 QQ 音乐、网易云音乐等平台，音乐的量级都在千万以上。如果分类一首歌曲需要最快花费 3 秒来计算，人工对 1000 万首歌分类至少需要 833 小时，且这是理想状态之下。所以我们就在想能否通过使用深度学习来帮助我们完成这项劳动密集型任务。我们希望通过以下几个步骤来完成音乐的分类：

1）提取已知流派分类的歌曲样本；

2）训练一个深度神经网络来分类歌曲；

3）使用分类器对未分类的歌曲进行流派分类。

首先，我们需要一个数据集，为此我们需要一个已知流派分类的样本库。在 QQ 音乐、豆瓣、网易云音乐平台上均有这样的流派分类，分类里面的歌曲虽然不全，但是已足够我们训练模型了。下面的案例主要选择了摇滚、民谣、爵士、电子四个流派，每个流派下载了 1000 首歌。

一旦我们有足够多的流派，并有足够的歌曲，我们就可以开始从数据中提取重要信息。一首歌对应一个音频文件。经典的采样频率为 44100Hz——每秒音频存储 44100 个值，而立体声则为两倍。这意味着一首 3 分钟长的立体声歌曲包含 7938000 个样本。这样训练量会非常大，我们可以先把立体声声道丢弃，因为它包含高度冗余的信息。

100毫秒的音乐频谱

DeepMind-WaveNet

图 4.38　音乐频谱示例

接下来使用傅里叶变换将我们的音频数据转换到频域。这使得数据的表示更加简单和紧凑，我们将其以谱图形式输出。这个过程会给我们生成一个 PNG 文件，其中包含我们的歌曲的所有频率随着时间的变化。这个步骤可以借助 libsora 工具来完成。我们使用每秒 50 像素（每像素 20ms），以降低 PNG 图片的分辨率并将图片切割成 10～15s 的片段，因为一般来说 10s 就足够用于判断音乐的分类了。最后就可以得到如图 4.39 这样的频谱图。

时域位于 $x$ 轴上，频率位于 $y$ 轴上，最高频率在顶部，最低频率在底部。频率的缩放幅度以灰度显示，其中白色是最大值，黑色是最小值。这样我们就把音频分类问题，转化为图片分类问题。对应图片分类，最常用的深度学习方案是 CNN。我们可以构建如图 4.40 所示的 CNN 网络分类模型。

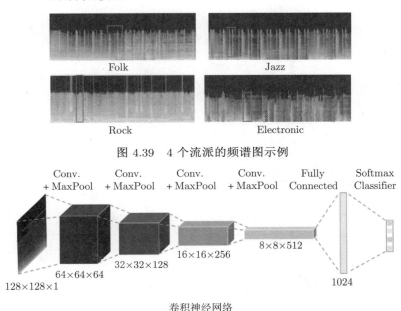

图 4.39　4 个流派的频谱图示例

图 4.40　CNN 音频分类结构

利用上面的 CNN 分类模型，我们已经可以得到一个不错的音乐分类模型了。然而，CNN 模型却不完全适用于音频分类。一般图片分类具有 invariance（不变性），即图片旋转后对分类不会有影响，但是音频的频谱图并不是这样，它在 $x$ 轴和 $y$ 轴分别表示具体时域和频域的特征。另外 CNN 通过 filter size 获取前后信息，但是受限于 size 大小，long dependence 方面不如 LSTM。所以本书作者进一步提出了 CNN+LSTM 的音乐分类结构，网络结构如图 4.41 所示。

可以看到，上面的模型是在二层卷积层后，把不同通道上相同时序上的特征组合起来，作为 LSTM 层的输入，然后再通过全连接层提取出进一步的音频分类特征。经过测试，方案一 CNN 分类模型的四分类准确率为 67%，而方案二的准确率可以达到 73%，对最后的分类准确率提升比较明显。

我们观察分类结果的混淆矩阵，其中纵坐标表示测试集音乐标注好的流派分类，横坐标为模型预测的分类。当纵坐标和横坐标标签一致时，说明模型预测正确；不一致时，说明模型预测有偏差。如图所示，标注为电子的音乐预测正确，即预测为电子音乐的数量，占整个测试集的 20.0%。可以发现预测错误的主要是电子和摇滚、民谣和爵士的互错。事实上，这些流派本身比较接近，比如很多歌曲同时属于电子和摇滚两个流派。

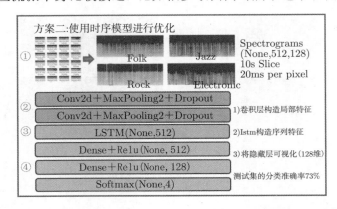

图 4.41　CNN+LSTM 组合音频分类模型

| 预测结果<br>真实标签 | 电子 | 民谣 | 爵士 | 摇滚 |
|---|---|---|---|---|
| 电子 | 20.0% | 1.2% | 1.2% | 4.1% |
| 民谣 | 1.5% | 15.5% | 4.8% | 1.7% |
| 爵士 | 2.3% | 5.6% | 16.4% | 2.3% |
| 摇滚 | 4.3% | 1.2% | 1.3% | 18.7% |

图 4.42　分类预测结果的混淆矩阵

除了流派分类结果可作为标签特征应用到模型之外，模型倒数第二层的 128 维向量也可以作为歌曲特征应用到模型里，图 4.43 是将各流派抽取了 top100 新歌向量降维到

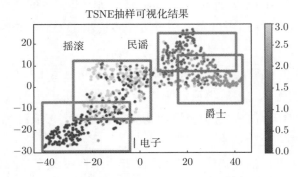

图 4.43　模型倒数第二层 128 维向量降维可视化

二维平面后的结果。可以看到流派聚类效果也比较明显。事实上，使用高维度的向量特征，比流派分类这种低维特征信息表达能力强，对模型效果提升更加明显。

模型结构设计代码参考如下：

```
# -*- coding: utf-8 -*-

import numpy as np
import keras
from keras.models import Sequential
from keras.layers import Dense,Dropout,Activation,Flatten
from keras.layers import Conv2D,MaxPooling2D,ZeroPadding2D
from keras.layers.recurrent import LSTM, GRU
from config import timeratio
from keras.layers.core import Dense, Dropout, Activation, Flatten, Reshape,
    Permute

def createModel(nbClasses,imageSize):
    print("[+] Creating model...timeratio:%d"%(timeratio))

    model=Sequential()

    model.add( Conv2D(filters=256,input_shape=(imageSize*timeratio,imageSize
        , 1) ,kernel_size=(3,3),activation='relu',padding='same') )
    model.add(MaxPooling2D(pool_size=(2,2)))
    model.add(Dropout(rate=0.5))

    model.add( Conv2D(filters=512,input_shape=(192,64, 256) ,kernel_size
        =(3,3),activation='relu',padding='same') )
    model.add(MaxPooling2D(pool_size=(2,2)))
    model.add(Dropout(rate=0.5))

    model.add(Flatten())

    #model.add(Permute((1, 3,2), input_shape=(382, 1, 64)))

    l1=96
    l2=32*512
    model.add(Reshape((l1 , l2)))
```

```
model.add(LSTM(
# for batch_input_shape, if using tensorflow as the backend, we have to put None for the
    batch_size.
# Otherwise, model.evaluate() will get error.
    batch_input_shape=(None, 11 , 12),
      # Or: input_dim=INPUT_SIZE, input_length=TIME_STEPS,
    output_dim=512,
    unroll=True,
))

#model.add(Dropout(0.5))

model.add(Dense(units=1024,activation='relu'))
model.add(Dropout(0.5))

model.add(Dense(units=256,activation='relu'))
model.add(Dropout(0.5))

model.add(Dense(nbClasses,activation='softmax'))

struct=model.summary()

print(struct)

model.compile(loss='categorical_crossentropy',optimizer='adam',metrics=['
    accuracy'])

print("    Model created!")


return model
```

案例二：人脸魅力值打分在视频推荐中的应用。

2015 年的五一假期，微软 how-old.net 大火。不仅有"郭德纲和林志颖之间其实差了个吴奇隆"的笑话，又有名人如李开复发微博称"终于达成愿望，有个比自己小 50 岁的老婆"的调侃。当时通过照片对年龄进行评估的技术刚刚形成应用，外界对微软的此项技术产生了各种质疑和猜测。但是现在看来，只有要大量的样本，训练一个端到端的年龄预测模型并不困难。

正所谓"爱美之心人皆有之"，在视频推荐过程中，人物的魅力值十分重要。特别是针对新入库的视频文件，没有用户反馈数据时，依据图片内容，对人物进行魅力值打分，成为优化冷启动效果比较有效的手段。

人脸魅力评分利用传统机器学习方法取得了较多成果。Eisenthal 等 2006 年在《Facial Attractive-ness: Beauty and Machine》中采用特征脸作为人脸魅力值特征，再用 SVM、KNN（K-Nearest Neighbor）等机器学习方法来分类，实验证明机器学习方法可应用于人脸魅力值预测。Mao 等在《基于几个特征及 C4.5d 的人脸美丽分类方法》中最初通过手工标注关键点方式，提出人脸几何特征提取方法，实验对比表明 SVM 在人脸魅力值分类方面具有较好的效果。但传统机器学习方法在图像识别领域，尤其在特征提取、预测准确性、算法鲁棒性等方面均与深度学习方法存在较大差距。

图 4.44 微软 how-old.net

而利用 CNN 网络对人脸进行端到端的打分，不仅省去了大量特征构造与提取的工作，准确率也得到了较大的提升。

实验的样本来自《SCUT-FBP: A Benchmark Dataset for Facial Beauty Perception》，该样本收录了 500 多个亚洲女性的脸部近照图，相较于国外的数据集，更切合我们的实用环境。特别是欧美审美与亚洲审美存在较大差异，所以对于魅力值这样的主观指标，使用合适的数据集至关重要。原始的样本集如图 4.45 所示。

样本主要都是人脸近照，为了提升后面的分类准确率，减少背景和脸部位置、大小的干扰，我们可以先使用一些人脸检测的开源工具进行脸部位置截取。截取（归一化）后样本数据如图 4.46 所示。

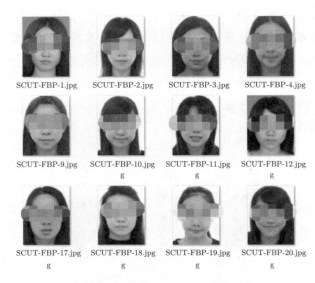

图 4.45　SCUT-FBP 数据集示例图

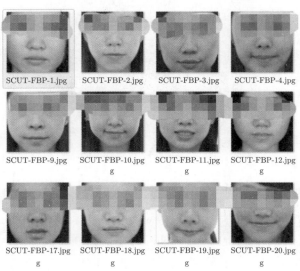

图 4.46　脸部截取后的数据集示例图

脸部截取的参考代码如下：

```python
from PIL import Image
import face_recognition
import os
print("h")
def find_and_save_face(web_file,face_file):
    # Load the jpg file into a numpy array
    image = face_recognition.load_image_file(web_file)
    print(image.dtype)
    # Find all the faces in the image
    face_locations = face_recognition.face_locations(image)

    print("I found {} face(s) in this photograph.".format
        (len(face_locations)))


    for face_location in face_locations:

        # Print the location of each face in this image
        top, right, bottom, left = face_location
        print("A face is located at pixel location Top: {}, Left: {}, Bottom
            : {}, Right: {}".format(top, left, bottom, right))


        # You can access the actual face itself like this:
        face_image = image[top:bottom, left:right]
        pil_image = Image.fromarray(face_image)
        pil_image.save(face_file)
print("h")
list = os.listdir("web_image/")
print(list)


for image in list:
    id_tag = image.find(".")
    name=image[0:id_tag]
    print(name)


    web_file = "./ Data_Collection_face/" +image
    face_file="./ Data_Collection_face_resize/"+name+".jpg"
```

```
    im=Image.open("./web_image/"+image)
    try:
        find_and_save_face(web_file, face_file)
    except:
        print("fail")
```

有了训练样本，我们可以先用一个标准的 CNN 网络进行魅力值评测，其中模型的输入为 128×128×3 的图片，输出为样本的分数值（满分为 5 分，对分数进行归一化），参考训练代码如下：

```python
from __future__ import print_function
from keras.models import Sequential
from keras.layers.core import Dense, Dropout, Flatten, Activation
from keras.layers.convolutional import Conv2D, MaxPooling2D
import cv2
import os
import numpy as np
import csv
import matplotlib.pyplot as plt


def shape_of_array(arr):
    array = np.array(arr)
    return array.shape


##获得样本的评分，并归一化
def get_label(num):
    with open('./label.csv') as csvfile:
        reader = csv.DictReader(csvfile)
        for row in reader:
            if row['#Image'] == str(num):
                return float(row['Attractiveness label'])


##加载图片样本
def load_image_data(filedir):
    label = []
    image_data_list = []
    train_image_list = os.listdir(filedir)
```

```
    # train_image_list.remove('.DS_Store')
    for img in train_image_list:
        url = os.path.join(filedir + img)
        # print url
        image = cv2.imread(url)
        image = cv2.resize(image, (128, 128))
        image_data_list.append(image)

        img_num = int(img[img.find('P-')+2:img.find('.')])
        att_label = get_label(img_num) / 5.0
        print(img_num, '  ', att_label)
        label.append(att_label)

    img_data = np.array(image_data_list)
    img_data = img_data.astype('float32')
    img_data /= 255
    return img_data, label


##keras网络结构设计
def make_network():
    model = Sequential()
    model.add(Conv2D(32, (3, 3), padding='same', input_shape=(128, 128, 3)))
    model.add(Activation('relu'))
    model.add(Conv2D(32, (3, 3)))
    model.add(Activation('relu'))
    model.add(MaxPooling2D(pool_size=(2, 2)))
    model.add(Dropout(0.5))

    model.add(Flatten())
    model.add(Dense(128))
    model.add(Activation('relu'))
    model.add(Dropout(0.5))
    model.add(Dense(1))
    # model.add(Activation('tanh'))
    return model


##模型训练主函数
def main():
```

```
train_x, train_y = load_image_data('./Data_Collection_face_resize/')
model = make_network()
print(model.summary())
model.compile(loss='mean_squared_error', optimizer='adam', metrics=['mae'
    ])
hist = model.fit(train_x, train_y, batch_size=100, validation_split=0.3,
    epochs=300 , verbose=1)

model.evaluate(train_x, train_y)
model.save('faceRank.h5')

plt.plot(hist.history['loss'])
plt.plot(hist.history['val_loss'])
plt.title('train history')
plt.ylabel('acc')
plt.xlabel('epoch')
plt.legend(['train','validation'],loc='upper left')
plt.show()

if __name__ == '__main__':
    main()
```

相较于传统的 SVR 等机器学习方法，使用 CNN 模型对魅力值的打分准确率已经有了显著提升。传统的 SVR 模型在该样本集上的测试误差为 0.3961，而使用两层 CNN 后能降低到 0.2358。

表 4.3　人脸魅力值打分不同模型的 MAE 比较

| 方法 | MAE（均方根误差） |
| --- | --- |
| 传统 SVR | 0.3961 |
| 两层 CNN | 0.2358 |
| 三层 CNN | 0.2133 |
| 五层 CNN | 0.2081 |

CNN 网络的深度对最后的分类和识别的效果有着很大的影响，所以一般想法就是能把网络设计得越深越好，但是事实上却不是这样，常规的网络的堆叠（plain network）在网络很深的时候，效果却越来越差了。

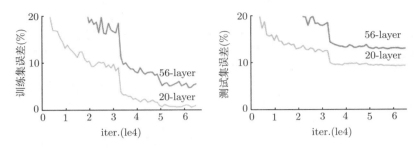

图 4.47　CNN 层数过多，误差反而较大

造成这种现象的原因之一即是网络越深，梯度消失的现象就越来越明显，网络的训练效果也不会很好。但是现在浅层的网络（shallower network）又无法明显提升网络的识别效果，所以现在要解决的问题就是怎样在加深网络的情况下又能够解决梯度消失的问题。

为此引入了残差网络结构（residual network），通过残差网络，可以把网络层构建得很深，据说现在可以达到 1000 多层，最终的网络分类的效果也非常好。残差网络的基本结构如图 4.48 所示。

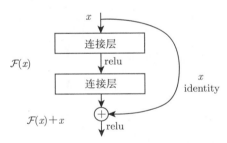

图 4.48　残差网络的基本结构

通过在输出和输入之间引入一个 shortcut connection，而不是简单的堆叠网络，这样可以解决网络由于很深出现梯度消失的问题，从而可以把网络做得很深。一个完整的残差网络结构如图 4.49 所示。

当数据量较小时，运用深度学习技术很可能会出现过拟合的现象，但是仍想运用训练效果较好的如 VGGNet、GoogleNet 等预训练模型时，可以只对于网络最后面的几层进行重新训练，对于神经网络的底层，因为它充分地在大数据集上进行了基础特征的提取如（颜色、边框等），依旧可以在我们的数据集合上进行运用。这就是 finetuning。使用 keras 的接口，可以很方便地帮助我们实现 finetuning。

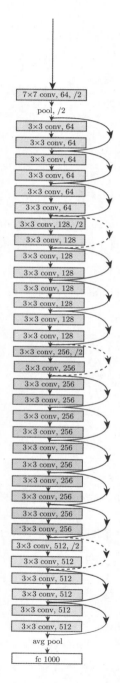

图 4.49　残差网络完整结构

```
keras.applications.resnet50.ResNet50(include_top=True, weights='imagenet',
                            input_tensor=None, input_shape=None,
                            pooling=None,
                            classes=1000)
```

上面 API 中的 50 层残差网络模型, 权重训练自 imagenet。参数含义如下:

include_top: 是否保留顶层的全连接网络。

weights: None 代表随机初始化, 即不加载预训练权重。'imagenet' 代表加载预训练权重。

input_tensor: 可填入 Keras tensor 作为模型的图像输出 tensor。

input_shape: 可选, 仅当 include_top=False 有效, 应为长为 3 的 tuple, 指明输入图片的 shape, 图片的宽高必须大于 197, 如(200,200,3)。

pooling: 当 include_top=False 时, 该参数指定了池化方式。None 代表不池化, 最后一个卷积层的输出为 4D 张量。'avg' 代表全局平均池化, 'max' 代表全局最大值池化。

classes: 可选, 图片分类的类别数, 仅当 include_top=True 并且不加载预训练权重时可用。

完整的模型训练代码如下:

```
from __future__ import print_function


import keras as K
from keras.models import Sequential,Model
from keras.layers.core import Dense, Dropout, Flatten, Activation
from keras.layers import Dense,Dropout,Activation,Flatten,merge,Input,
    concatenate
from keras.layers.convolutional import Conv2D, MaxPooling2D
from keras.applications import ResNet50
import cv2
import os
import numpy as np
import csv
import matplotlib.pyplot as plt

def shape_of_array(arr):
    array = np.array(arr)
```

```python
        return array.shape


def get_label(num):
    with open('./label.csv') as csvfile:
        reader = csv.DictReader(csvfile)
        for row in reader:
            if row['#Image'] == str(num):
                return float(row['Attractiveness label'])


def load_image_data(filedir):
    label = []
    image_data_list = []
    train_image_list = os.listdir(filedir)
    # train_image_list.remove('.DS_Store')
    for img in train_image_list:
        url = os.path.join(filedir + img)
        # print url
        image = cv2.imread(url)
        image = cv2.resize(image, (200, 200))
        image_data_list.append(image)

        img_num = int(img[img.find('P-')+2:img.find('.')])
        att_label = get_label(img_num) / 5.0
        #print(img_num, '  ', att_label)
        label.append(att_label)

    img_data = np.array(image_data_list)
    img_data = img_data.astype('float32')
    img_data /= 255
    return img_data, label


def main():
    train_x, train_y = load_image_data('./Data_Collection_face_resize/')
    input_tensor = Input(shape=(200, 200, 3,))
```

```
    base_model = ResNet50(include_top=False,weights='imagenet')(input_tensor)
#base_model = ResNet50(input_tensor=input_tensor,include_top=False,weights=None)
    flat=Flatten()(base_model)
    dense128 = Dense(128, activation='relu',kernel_initializer='normal', name
        ='dense128')(flat)
    output = Dense(1, name='output')(dense128)
    model = Model(inputs=[input_tensor], outputs=[output])

    print(model.summary())

    model.compile(loss='mean_squared_error', optimizer='adam', metrics=['mae'
        ])

    hist = model.fit(train_x, train_y, batch_size=32, validation_split=0.3,
        epochs=50 , verbose=1)
    model.evaluate(train_x, train_y)
    model.save('resnet50.h5')

if __name__ == '__main__':
    main()
```

使用以上 ResNet50 网络 finetuning 后，模型训练后的误差可以有显著的降低（见表
4.4）。在多数情况下，基于已训练好的网络进行 finetuning，都能显著提高效率和效果，
这是图片分类问题的小窍门。Keras 中包含了大部分效果比较好的图像分类模型（见表
4.5），有兴趣的读者可以进行测试。

表 4.4　人脸魅力值打分不同模型的 MAE 比较

| 方法 | MAE（均方根误差） |
| --- | --- |
| 传统 SVR | 0.3961 |
| 两层 CNN | 0.2358 |
| 三层 CNN | 0.2133 |
| 五层 CNN | 0.2081 |
| ResNet50 | 0.0990 |

表 4.5　Keras 预训练好的图像分类模型

| 模型 | 大小 | Top1 准确率 | Top5 准确率 | 参数数目 | 深度 |
|---|---|---|---|---|---|
| Xception | 88MB | 0.79 | 0.945 | 22,910,480 | 126 |
| VGG16 | 528MB | 0.715 | 0.901 | 138,357,544 | 23 |
| VGG19 | 549MB | 0.727 | 0.91 | 143,667,240 | 26 |
| ResNet50 | 99MB | 0.759 | 0.929 | 25,636,712 | 168 |
| InceptionV3 | 92MB | 0.788 | 0.944 | 23,851,784 | 159 |
| IncetionResNetV2 | 215MB | 0.804 | 0.953 | 55,873,736 | 572 |
| MobileNet | 17MB | 0.665 | 0.871 | 4,253,864 | 88 |

# 第 5 章

## 混合推荐系统

## 5.1 什么是混合推荐系统

迄今为止，推荐系统已经经历了 20 多年的发展，但是仍然没有人给出一个精确的定义。推荐系统成为一个相对独立的研究方向，一般被认为始于 1994 年 GroupLens 研究组推出的 GroupLens 系统。该系统基于协同过滤（Collaborative Filtering）完成推荐任务，并对推荐问题建立了一个形式化模型。该形式化模型引领了之后推荐系统的发展方向。基于该形式化模型，推荐系统要解决的问题总共有两个，分别是预测（Prediction）和推荐（Recommendation）。

预测所解决的主要问题是推断 User 对 Item 的喜好程度，而推荐则是根据预测环节的计算结果向用户推荐 Item。推荐系统在不同的应用场景下完成预测和推荐任务，具有众多算法，但是经过大量的实践，人们发现没有一种方法可以独领风骚，每种方法都有其局限性。

上一章介绍了几种主流的推荐方法，它们在推荐时利用的信息和采用的框架各不相同，在各自的领域表现出来的效果也各有千秋。基于内容的推荐方法依赖 Item 的特征描述，协同过滤会利用 User 和 Item 的特定类型的信息转化生成推荐结果，而社交网络的推荐算法则根据 User 的相互影响关系进行推荐。每种方法各有利弊，没有一种方法利用了数据的所有信息，因此，我们希望构建一种混合（Hybrid）推荐系统，来结合不同算法的优点，并克服前面提到的缺陷，以提高推荐系统可用性。本章将会结合特征处理、特征选择、常见的排序模型等不同方面，向读者分步骤介绍如何搭建混合推荐系统。

### 5.1.1 混合推荐系统的意义

#### 5.1.1.1 海量数据推荐

在很多海量数据推荐系统中通常存在三部分: 在线 (Online) 系统、近线 (Nearline) 系统和离线 (Offline) 系统。在线系统与用户进行直接交互, 具有高性能高可用性的特性, 通常利用缓存 (Cache) 系统, 处理热门请求的重复计算。近线系统接受在线系统的请求, 执行比较复杂的推荐算法, 缓存在线系统的结果, 并及时收集用户的反馈, 快速调整

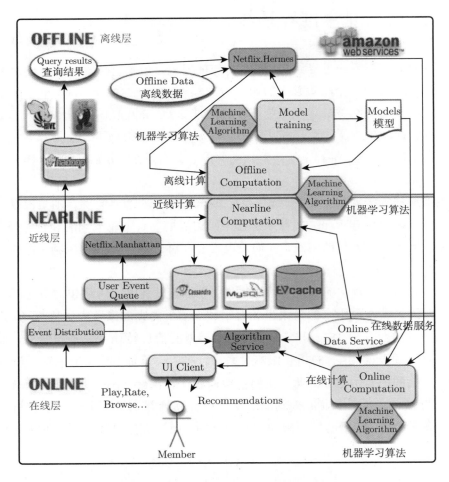

图 5.1 NetFlix 的实时推荐系统的架构图

推荐结果。离线系统利用海量的用户行为日志进行挖掘，进行高质量的推荐，通常具有运算周期长、资源消耗大等特点。

在工业应用中面对海量的用户和物品，需要实时保证线上的用户请求得到可用结果。这里存在一个矛盾，在线系统无法承担资源消耗大的算法，而离线系统实时推荐能力差。因此，需要将在线系统—近线系统—离线系统组成混合系统来保证高质量的推荐。

NetFlix 公司曾花重金举办推荐系统竞赛，并公开其后台推荐系统的架构（图 5.1），该系统为三段式混合推荐系统。

离线系统是传统的个性化推荐系统的主体，定期利用大量历史操作日志进行批处理运算，然后进行特征构造及选取，最终建立模型并更新。

近线系统，是将用户产生的事件，利用流式计算得到中间结果，这些中间结果一方面发送给在线部分用于实时更新推荐模型，另一方面将中间结果存储起来，例如，存储在 Memcached、Cassandra、MySQL 等可以快速查询的存储中作为备份。在 NetFlix 的系统中，他们的流式计算是通过一个叫做 NetFlix.Manhattan 的框架来实现的，它是一个类似于 Storm 的实时流式计算框架。

然后是在线部分。这一部分利用离线部分的主体模型并考虑近线部分的实时数据对模型进行增量更新，然后得到实时的推荐模型，进而根据用户的行为来对用户进行实时推荐。

近线和在线部分将会在后面的推荐系统架构章节中进一步进行介绍。

### 5.1.1.2　高质量推荐

为了提升推荐系统的推荐精度以及推荐多样性，工业应用中通常会对推荐系统进行特征、模型等多层面的融合来构建混合推荐系统。

YouTube 所使用的推荐系统是现在业界规模最大的、最先进的推荐系统之一。You-Tube 在 2016 年第十届 ACM RecSys 上介绍了其利用深度学习的混合推荐算法带来了系统性能的巨大提升[①]。该算法会在下一章"深度学习在推荐系统中的应用"中详细进行介绍。该系统主要分为两个部分：候选列表生成（Matching）和精致排序（Ranking）。Matching 阶段先"粗糙"召回候选集，Ranking 阶段对 Matching 后的结果采用更精细的特征计算排序分数，并进行最终排序。

---

① Deep Neural Networks for YouTube Recommendations. Paul Covington Google, Mountain View, CA, USA

## 5.1.2　混合推荐系统的算法分类

前一节通过两个工业级典型应用介绍了混合推荐系统的意义,本节将对目前的混合推荐系统进行简单分类,从系统、算法、结果、处理流程等不同的角度来分析不同混合推荐系统。

从系统架构上看,常见的架构是在线–离线–近线三段混合系统,各系统一般分别负责热门请求、短期计算和长期推荐计算。在上一节中已经做了相关介绍,通过多段的混合推荐可以达到可靠的推荐结果。

从混合技术上看,Robin Burke 在其不同混合推荐算法设计方案的调研报告中将其分为:加权型、切换型、交叉型、特征组合型、瀑布型、特征递增型、元层次型。下面将对这几种方式分别进行介绍。

### 5.1.2.1　加权型混合推荐

加权混合推荐即利用不同的推荐算法生成的候选结果, 进行进一步的加权组合(Ensemble),生成最终的推荐排序结果。例如,最简单的组合是将预测分数进行线性加权。P-Tango 系统利用了这种混合推荐,初始化时给基于内容和协同过滤推荐算法同样的权重,根据用户的评分反馈进一步调整算法的权重。Pazzani 提出的混合推荐系统未使用数值评分进行加权,而是利用各个推荐方法对数据结果进行投票,利用投票结果得到最终的输出。

加权混合推荐系统的好处是可以利用简单的方式对不同的推荐结果进行组合,提高推荐精度,也可以根据用户的反馈进行方便的调整。但是在数据稀疏的情况下,相关的推荐方法无法获得较好的结果,该系统往往不能取得较高的提升。同时,由于进行多个方法的计算,系统复杂度和运算负载都较高。在工业界实际系统中,往往采用一些相对简单的方案。

### 5.1.2.2　切换型混合推荐

切换型推荐技术是根据问题的背景和实际情况来使用不同的推荐技术,通常需要一个权威者根据用户的记录或者推荐结果的质量来决定在哪种情况下应用哪种推荐系统。例如,DailyLearner 系统使用基于内容和基于协同过滤的切换混合推荐,系统首先使用基于内容的推荐技术,如果不能产生高可信度的推荐,然后再尝试使用协同过滤技术;NewsDude 系统则首先基于内容进行最近邻推荐,如果找不到相关报道,就引入协同过滤系统进行跨类型推荐。可以看出，不同的系统往往采用不同的切换策略，切换策略的优化为这种方法的关键因素。由于不同算法的打分结果标准不一致，所以需要根据情况进行转化，这也会增加算法的复杂度。

### 5.1.2.3　交叉型混合推荐

交叉型推荐技术的主要动机是保证最终推荐结果的多样性。因为不同用户对同一件物品的着眼点往往各不相同，而不同的推荐算法，生成的结果往往代表了一类不同的观察角度所生成的结果。交叉型推荐技术将不同推荐算法的生成结果，按照一定的配比组合在一起，打包后集中呈现给用户。比如，可以构建这样一个基于 Web 日志和缓存数据挖掘的个性化推荐系统，该系统首先通过挖掘 Web 日志和缓存数据构建用户多方面的兴趣模式，然后根据目标用户的短期访问历史与用户兴趣模式进行匹配，采用基于内容的过滤算法，向用户推荐相似网页，同时，通过对多用户间的协同过滤，为目标用户预测下一步最有可能的访问页面，并根据得分对页面进行排序，附在现行用户请求访问页面后推荐给用户。

交叉型推荐技术需要注意的问题是结果组合时的冲突解决问题，通常会设置一些额外的约束条件来处理结果的组合展示问题。

### 5.1.2.4　特征组合型混合推荐

特征组合是将来自不同推荐数据源的特征组合，由一种单一的推荐技术使用。数据是推荐系统的基础，一个完善的推荐系统，其数据来源也是多种多样的。从这些数据来源中我们可以抽取出不同的基础特征。以用户兴趣模型为例，我们既可以从用户的实际购买行为中，挖掘出用户的"显式"兴趣，也可以从用户的点击行为中，挖掘用户"隐式"兴趣；另外从用户分类、人口统计学分析中，也可以计算出用户兴趣；如果有用户的社交网络，那么也可以了解周围用户对该用户兴趣的投射，等等。而且从物品（Item）的角度来看，也可以挖掘出不同的特征。

不同的基础特征可以预先进行组合或合并，为后续的推荐算法所使用。特征组合的混合方式使得系统不再仅仅考虑单一的数据源（如仅用用户评分表），所以它降低了用户对项目评分数量的敏感度。

### 5.1.2.5　瀑布型混合推荐

瀑布型的混合技术采用了过滤的设计思想，将不同的推荐算法视为不同粒度的过滤器，尤其是面对待推荐对象（Item）和所需的推荐结果数量相差极为悬殊时，往往非常适用。例如，EntreeC 餐馆推荐系统，首先利用知识来基于用户已有的兴趣来进行推荐，后面利用协同过滤再对上面生成的推荐进行排序。

设计瀑布型混合系统中，通常会将运算速度快、区分度低的算法排在前列，逐步过渡为重量级的算法，这样的优点是充分运用不同算法的区分度，让宝贵的计算资源集中在少量较高候选结果的运算上。

### 5.1.2.6　特征递增型混合推荐

特征递增型混合技术，即将前一个推荐方法的输出作为后一个推荐方法的输入。这种方法上一级产生的并不是直接的推荐结果，而是为下一级的推荐提供某些特征。一个典型的例子是将聚类分析环节作为关联规则挖掘环节的预处理：聚类所提供的类别特征，被用于关联规则挖掘中，比如对每个聚类分别进行关联规则挖掘。

与瀑布型不同的是，第二种推荐方法并没有使用第一种产生的任何等级排列的输出，其两种推荐方法的结果以一种优化的方式进行混合。

### 5.1.2.7　元层次型混合推荐

元层次型混合将不同的推荐模型在模型层面上进行深度的融合。比如，User-Based 方法和 Item-Based 方法的一种组合方式是，先求目标物品的相似物品集，然后删掉所有其他的物品（在矩阵中对应的是列向量），在目标物品的相似物品集上采用 User-Based 协同过滤算法。这种基于相似物品的邻居用户协同推荐方法，能很好地处理用户多兴趣下的个性化推荐问题，尤其是候选推荐物品的内容属性相差很大的时候，该方法性能会更好。

与特征递增型的不同在于：在特征递增型中使用一个学习模型产生某些特征作为第二种算法的输入，而在元层次型中，整个模型都会作为输入。

上述类型的混合方式可以按照处理流程统一分为三类。

（1）整体式混合推荐系统。整体式混合推荐系统的实现方法是通过对算法进行内部调整，可以利用不同类型的输入数据，并得到可靠的推荐输出，上述的特征组合型混合推荐、特征递增型混合推荐和元层次型混合推荐属于此种类型。

（2）并行式混合推荐系统。并行式混合推荐系统利用混合机制将不同推荐系统的结果进行集成，上述的加权型混合推荐、切换型混合推荐和交叉型混合推荐属于此种类型。

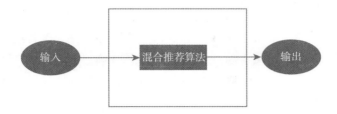

图 5.2　整体式混合推荐系统

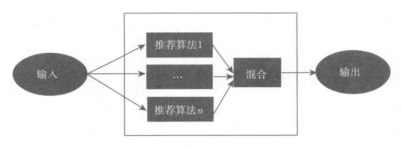

图 5.3　并行式混合推荐系统

（3）流水线式混合推荐系统。流水线式混合推荐系统利用多个流程顺序作用产生推荐结果，上述的瀑布型混合推荐可以归为此种类型。

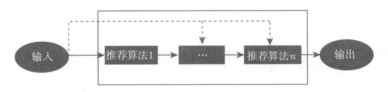

图 5.4　流水线式混合推荐系统

# 5.2　推荐系统特征处理方法

"数据与特征决定了模型的上限，而模型算法则为逼近这个上限"，这句话是推荐系统工程师的共识。特征的本质为一项工程活动，目的是最大限度地从原始数据中提取特征以供算法模型使用。在实际构建推荐系统过程中，可以直接用于模型算法的特征并不多，能否从原始数据中挖掘出来有用的特征将会直接决定推荐系统的质量。对于特征一般的处理流程为特征获取、特征清洗、特征处理和特征监控，其中最核心部分为特征处理部分，本节中将会对特征处理进行详细介绍。

由于原始数据中的特征通常无法在算法模型中直接使用，需要经过特征转化与特征选择后放入模型。特征转化包含对原始特征的各种变换，更好地表达原始数据的内在规律，便于模型算法进行训练，而特征选择则选择提炼对模型表达有用的特征，希望建立更灵活、更简单的模型。

## 5.2.1　特征处理方法

由于数据源包含不同类型的变量，不同的变量往往处理方法不同，下面将针对不同的变量类型对特征处理方法进行介绍。

### 5.2.1.1　数值特征处理

方法一：无量纲处理

无量纲化使不同规格的数据转换到同一规格。常见的无量纲化方法有标准化和区间缩放法。标准化的前提是特征值服从正态分布，标准化后，其转换成标准正态分布。区间缩放法利用了边界值信息，将特征的取值区间缩放到某个特定的范围，例如 [0, 1] 等。

标准化变换后各维特征的均值为 0，方差为 1，也叫做 Z-Score 规范化，计算方式如下式，为特征值减去均值，除以标准差。

$$x' = \frac{x - \bar{x}}{S} \tag{5-1}$$

使用 Python 处理的代码如下：

```
//标准化
 import numpy as np
 from sklearn import preprocessing

x = np.array([[ 1., -1.,  2.],
           [ 2.,  0.,  0.],
           [ 0.,  1., -1.]])
x_scaled = preprocessing.scale(x)
print(x_scaled)
```

运行后，可以看到结果：

```
[[ 0.        -1.22474487  1.33630621]
 [ 1.22474487 0.        -0.26726124]
 [-1.22474487  1.22474487 -1.06904497]]
```

而区间缩放法又被称为最大—最小标准化，最大—最小标准化是对原始数据进行线性变换，变换到 [0,1] 区间。计算公式如下：

$$x' = \frac{x - \text{Min}}{\text{Max} - \text{Min}} \tag{5-2}$$

使用 Python 处理的代码如下：

```
//标准化
import numpy as np
from sklearn import preprocessing

x = np.array([[ 1., -1.,  2.],
              [ 2.,  0.,  0.],
              [ 0.,  1., -1.]])
x_max_min_scaled = preprocessing.MinMaxScaler().fit_transform(x)
print(x_max_min_scaled)
```

运行后，可以看到结果：

```
[[ 0.5        0.        1.        ]
 [ 1.        0.5       0.33333333]
 [ 0.        1.        0.        ]]
```

除了最大–最小标准化外，也可以使用二次核进行标准化，使用 Python 的处理方法如下：
使用二次型规范化的代码，参考如下：

```
import numpy as np
from sklearn import preprocessing

x = np.array([[ 1., -1.,  2.],
              [ 2.,  0.,  0.],
              [ 0.,  1., -1.]])
x_normalize =preprocessing.normalize(x, norm='l2')
print(x_normalize)
```

运行后，可以看到结果：

```
[[ 0.40824829  -0.40824829   0.81649658]
 [ 1.          0.           0.         ]
 [ 0.          0.70710678  -0.70710678]]
```

方法二：非线性变换

很多情况下，对特征进行非线性变换来增加模型复杂度也是一个有效的手段。常用的变换有基于多项式、基于指数函数和基于对数函数的变换等。

下面利用对数变换来说明，一般对数变换后特征分布更平稳。对数变换能够很好地解决随着自变量的增加，因变量的方差增大的问题。另外一方面，将非线性的数据通过对数变换，转换为线性数据，便于使用线性模型进行学习。关于这一点，可以类比一下SVM，比如SVM对于线性不可分的数据，先对数据进行核函数映射，将低维的数据映射到高维空间，使数据在投影后的高维空间中线性可分。

方法三：离散化

有时数值型特征根据业务以及其代表的含义需要进行离散化，离散化拥有以下好处：离散化后的特征对异常数据有很强的鲁棒性，比如一个特征是年龄 >30 为 1，否则为 0。如果特征没有经过离散化，一个异常数据"年龄 100 岁"会给模型造成很大的干扰；特征离散化后可以进行特征交叉，特征内积乘法运算速度快，进一步引入非线性，提升表达能力，计算结果方便存储，容易扩展；特征离散化后，模型会更稳定，比如如果对用户年龄离散化，20~30 作为一个区间，不会因为一个用户年龄长了一岁就变成一个完全不同的人。但是处于区间相邻处的样本会刚好相反，所以如何划分区间也非常重要，通常按照是否使用标签信息可以分为无监督离散化和有监督离散化。

无监督离散化：无监督的离散化方法通常为对特征进行装箱，分为等宽度离散化方法和等频度离散化方法。等宽度离散方法，就是根据箱的个数得出固定的宽度，使得分到每个箱中的数据的宽度是相等的。等频分箱法是使得分到每个箱中的数据的个数是相同的。在等宽或等频划分后，可用箱中的中位数或者平均值替换箱中的每个值，实现特征的离散化。这两种方法需要指定区间的个数，同时等宽度离散化方法对异常点较为敏感，倾向于把特征不均匀地分到各个箱中，这样会破坏特征的决策能力。等频度的离散化方法虽然会避免上述问题却可能会将具有相同标签的相同特征值分入不同的箱中，同样会造成决策能力下降。

基于聚类分析的离散化方法也是一种无监督的离散化方法。此种方法包含两个步骤，首先是将某特征的值用聚类算法（如 K-means 算法）通过考虑特征值的分布以及数据点的邻近性划分成簇，然后将聚类得到的簇进行再处理，处理方法可分为自顶向下的分裂策略和自底向上的合并策略。分裂策略是将每一个初始簇进一步分裂为若干子簇，合并策略则是通过反复地对邻近簇进行合并。聚类分析的离散化方法通常也需要用户指定簇的个数，从而决定离散产生的区间数。

对于实际数据的离散化，具体可以根据业务的规律进行相应的调整，利用自然区间进行相应的离散。

有监督离散化：有监督的离散化方法相较无监督的离散化方法拥有更多的表现形式及处理方式，但目前比较常用的方法为基于熵的离散化方法和基于卡方的离散化方法。

由于建立决策树时用熵来分裂连续特征的方法在实际中运行得很好，故将这种思想扩展到更通常的特征离散化中，通过反复地分裂区间直到满足停止的条件。由此产生了基于熵的离散化方法。熵是最常用的离散化度量之一。基于熵的离散化方法使用类分布信息计算和确定分裂点，是一种有监督的、自顶向下的分裂技术。ID3 和 C4.5 是两种常用的使用熵的度量准则来建立决策树的算法，基于这两种方法进行离散化特征几乎与建立决策树的方法一致。在上述方法上又产生了 MDLP 方法（最小描述距离长度法则），MDLP 的思想是假设断点是类的分界，依此得到许多小的区间，每个区间中的实例的类标签都是一样的，然后再应用 MDLP 准则衡量类的分界点中哪些是符合要求可以作为端点，哪些不是端点需要将相邻区间进行合并。由此选出必要的断点，对整个数据集进行离散化处理。

下面将利用 R 的 discretization 包以 R 自带的数据集 iris 为例进行 MDLP 方法效果展示。

```
//MDLP特征离散化
library(discretization)
data(iris)
mdlp(iris)$Disc.data
```

以数据集 iris 为例进行 MDLP 方法效果展示，图 5.5 左边为原始特征，右边为 MDLP 方法离散后的数据。

不同于基于熵的离散化方法，基于卡方的离散化方法是采用自底向上的策略，首先将数据取值范围内的所有数据值列为一个单独的区间，再递归找出最佳邻近可合并的区间，然后合并它们，进而形成较大的区间。在判定最佳邻近可合并的区间时，会用到卡方统计量来检测两个对象间的相关度。最常用的基于卡方的离散化方法是 ChiMerge 方法，它的过程如下：首先将数值特征的每个不同值看作一个区间，对每对相邻区间计算卡方统计量，将其与由给定的置信水平确定的阈值进行比较，高于阈值则把相邻区间进行合并，因为高的卡方统计量表示这两个相邻区间具有相似的类分布，而具有相似类分布的区间应当进行合并成为一个区间。合并的过程递归地进行，直至计算得到的卡方统计量不再大于阈值，也就是说，找不到相邻的区间可以进行合并，则离散化过程终止，得到最终的离散化结果。

| | Sepal.Length | Sepal.Width | Petal.Length | Petal.Width | Species | | | Sepal.Length | Sepal.Width | Petal.Length | Petal.Width | Species |
|---|---|---|---|---|---|---|---|---|---|---|---|---|
| 1 | 5.1 | 3.5 | 1.4 | 0.2 | setosa | | 1 | 1 | 3 | 1 | 1 | setosa |
| 2 | 4.9 | 3.0 | 1.4 | 0.2 | setosa | | 2 | 1 | 2 | 1 | 1 | setosa |
| 3 | 4.7 | 3.2 | 1.3 | 0.2 | setosa | | 3 | 1 | 2 | 1 | 1 | setosa |
| 4 | 4.6 | 3.1 | 1.5 | 0.2 | setosa | | 4 | 1 | 2 | 1 | 1 | setosa |
| 5 | 5.0 | 3.6 | 1.4 | 0.2 | setosa | | 5 | 1 | 3 | 1 | 1 | setosa |
| 6 | 5.4 | 3.9 | 1.7 | 0.4 | setosa | | 6 | 1 | 3 | 1 | 1 | setosa |
| 7 | 4.6 | 3.4 | 1.4 | 0.3 | setosa | | 7 | 1 | 3 | 1 | 1 | setosa |
| 8 | 5.0 | 3.4 | 1.5 | 0.2 | setosa | | 8 | 1 | 3 | 1 | 1 | setosa |
| 9 | 4.4 | 2.9 | 1.4 | 0.2 | setosa | | 9 | 1 | 1 | 1 | 1 | setosa |
| 10 | 4.9 | 3.1 | 1.5 | 0.1 | setosa | | 10 | 1 | 2 | 1 | 1 | setosa |
| 11 | 5.4 | 3.7 | 1.5 | 0.2 | setosa | | 11 | 1 | 3 | 1 | 1 | setosa |
| 12 | 4.8 | 3.4 | 1.6 | 0.2 | setosa | | 12 | 1 | 3 | 1 | 1 | setosa |
| 13 | 4.8 | 3.0 | 1.4 | 0.1 | setosa | | 13 | 1 | 2 | 1 | 1 | setosa |
| 14 | 4.3 | 3.0 | 1.1 | 0.1 | setosa | | 14 | 1 | 2 | 1 | 1 | setosa |
| 15 | 5.8 | 4.0 | 1.2 | 0.2 | setosa | | 15 | 2 | 3 | 1 | 1 | setosa |

图 5.5　MDLP 特征离散化

下面将利用 R 的 discretization 包以 R 自带的数据集 iris 为例进行 ChiMerge 方法效果展示。

```
//ChiMerge特征离散化
ibrary(discretization)
#--Discretization using the ChiMerge method
data(iris)
disc=chiM(iris,alpha=0.05)  #-- 0.05 significance level

#--discretized data matrix
bb = disc$Disc.data
```

针对数据集 iris 进行 ChiMerge 方法效果展示，图 5.6 左边为原始特征，右边为 ChiMerge 方法离散后的数据。

| | Sepal.Length | Sepal.Width | Petal.Length | Petal.Width | Species | | Sepal.Length | Sepal.Width | Petal.Length | Petal.Width | Species |
|---|---|---|---|---|---|---|---|---|---|---|---|
| 1 | 5.1 | 3.5 | 1.4 | 0.2 | setosa | 1 | 1 | 3 | 1 | 1 | setosa |
| 2 | 4.9 | 3.0 | 1.4 | 0.2 | setosa | 2 | 1 | 2 | 1 | 1 | setosa |
| 3 | 4.7 | 3.2 | 1.3 | 0.2 | setosa | 3 | 1 | 2 | 1 | 1 | setosa |
| 4 | 4.6 | 3.1 | 1.5 | 0.2 | setosa | 4 | 1 | 2 | 1 | 1 | setosa |
| 5 | 5.0 | 3.6 | 1.4 | 0.2 | setosa | 5 | 1 | 3 | 1 | 1 | setosa |
| 6 | 5.4 | 3.9 | 1.7 | 0.4 | setosa | 6 | 1 | 3 | 1 | 1 | setosa |
| 7 | 4.6 | 3.4 | 1.4 | 0.3 | setosa | 7 | 1 | 3 | 1 | 1 | setosa |
| 8 | 5.0 | 3.4 | 1.5 | 0.2 | setosa | 8 | 1 | 3 | 1 | 1 | setosa |
| 9 | 4.4 | 2.9 | 1.4 | 0.2 | setosa | 9 | 1 | 1 | 1 | 1 | setosa |
| 10 | 4.9 | 3.1 | 1.5 | 0.1 | setosa | 10 | 1 | 2 | 1 | 1 | setosa |
| 11 | 5.4 | 3.7 | 1.5 | 0.2 | setosa | 11 | 1 | 3 | 1 | 1 | setosa |
| 12 | 4.8 | 3.4 | 1.6 | 0.2 | setosa | 12 | 1 | 3 | 1 | 1 | setosa |
| 13 | 4.8 | 3.0 | 1.4 | 0.1 | setosa | 13 | 1 | 2 | 1 | 1 | setosa |
| 14 | 4.3 | 3.0 | 1.1 | 0.1 | setosa | 14 | 1 | 2 | 1 | 1 | setosa |
| 15 | 5.8 | 4.0 | 1.2 | 0.2 | setosa | 15 | 3 | 3 | 1 | 1 | setosa |

图 5.6　ChiMerge 特征离散化

### 5.2.1.2　离散特征处理

方法一：One-Hot 编码

在实际的推荐系统中，很多特征为类别属性型特征，通常会利用 One-Hot 编码将这些特征进行编码。如果一个特征有 $m$ 个可能值，那么通过 One-Hot 编码后就变成了 $m$ 个二元特征，并且这些特征互斥。One-Hot 编码可以将离散特征的取值扩展到欧式空间，离散特征的某个取值就是对应欧式空间的某个点，可以方便在学习算法中进行相似度等计算，并且可以稀疏表示，减少存储，同时可以一定程度上起到扩充特征的作用。

使用 One-hot 处理的参考代码如下：

```
//One-Hot
import numpy as np
from sklearn import preprocessing

one_hot_enc= preprocessing.OneHotEncoder()
one_hot_enc.fit([[1,1,2], [0, 1, 0], [0, 2, 1], [1, 0, 3]])
after_one_hot = one_hot_enc.transform([[0, 1, 3]]).toarray()
print(after_one_hot)
```

方法二：特征哈希

特征哈希法的目标是把原始的高维特征向量压缩成较低维特征向量，且尽量不损失原始特征的表达能力，是一种快速且很节省空间的特征向量化方法。在推荐系统中会存在很多例如 ID 类型特征（当然也可以利用 embedding 方法，但哈希方法更节约资源），利用特征哈希，可以避免生成极度稀疏的数据，但是可能会引发碰撞，碰撞可能会降低结果的准确性，也可能会提升结果的准确性，一般利用另外一个函数解决碰撞。其一般描述为，设计一个函数 $v = h(x)$，能够将 $d$ 维度向量 $x = (x(1), x(2), \cdots, x(d))$ 转化成 $m$ 维度的新向量 v，这里的 m 可以大于也可以小于 $d$。通常使用方法为利用哈希函数将 $x(1)$ 映射到 $v(h(1))$，将 $x(d)$ 映射到 $v(h(d))$。Hash 函数能够将任意输入转换到一个固定范围的整数输出。下面利用文本对此进行说明，可以看到程序将句子转化为一个固定维度的向量，同样 ID 类型的特征也可以利用同样的方法进行处理，将每一个单词对应为一个 ID。

使用特征 hash 的参考代码如下：

```
//hash-track
def hashing_vectorizer(s, N):
    x = [0 for i in xrange(N)]
    for f in s.split():
        h = hash(f)
        x[h % N] += 1
    return x
print hashing_vectorizer('make a hash feature', 3)
```

方法三：时间特征处理

在推荐系统中通常会包含很多时间相关的特征，如何有效地挖掘时间相关特征也会很大程度上影响推荐的效果。通常方案是按照业务逻辑以及业务目的进行相关特征的处理，Christ, M 等提出了一种层次化处理时间特征的方案，如图 5.7 所示。其中包含了时间窗口统计特征：最大、最小、均值、分位数，并利用标签相关性对特征进行选择。下面简单介绍利用 Python 的 tsfresh 工具对 Robot Execution Failures 数据集进行特征提取，代码参考如下：

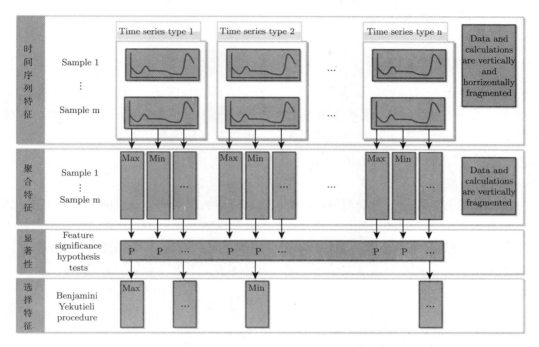

图 5.7　层次化时间按序列特征

```
from tsfresh.examples.robot_execution_failures import
    download_robot_execution_failures, \
     load_robot_execution_failures
download_robot_execution_failures()
timeseries, y = load_robot_execution_failures()

from tsfresh import extract_features
extracted_features = extract_features(timeseries, column_id="id",
    column_sort="time")

from tsfresh import select_features
from tsfresh.utilities.dataframe_functions import impute

impute(extracted_features)
features_filtered = select_features(extracted_features, y)
```

## 5.2.2 特征选择方法

### 5.2.2.1 单变量特征选择

单变量特征选择能够对每一个特征进行测试，衡量该特征和响应变量之间的关系，根据得分丢弃不好的特征。这种方法比较简单，易于运行，易于理解，通常对于理解数据有较好的效果，但其与设计的算法模型无关。单变量特征选择方法有许多改进的版本、变种，下面介绍比较常用的几种。

方法一：皮尔森相关系数

皮尔森相关系数是一种最简单的、能帮助理解特征和响应变量之间关系的方法，该方法衡量的是变量之间的线性相关性，结果的取值区间为 [-1, 1]，-1 表示完全的负相关（这个变量下降，那个变量就会上升），+1 表示完全的正相关。0 表示没有线性相关。皮尔森相关系数表示两个变量之间的协方差与标准差的商，其计算公式见如下。

$$\rho_{X,Y} = \frac{E[(X - \mu_X)(Y - \mu_Y)]}{\sigma_X \sigma_Y} \tag{5-3}$$

皮尔森相关系数计算速度快、易于计算，经常在拿到数据（经过清洗和特征提取之后的）之后第一时间就可以执行。SciPy 的 pearsonr 方法能够同时计算相关系数和 p-value。

```
import numpy as np
from scipy.stats import pearsonr
np.random.seed(0)
size = 300
x = np.random.normal(0, 1, size)
print( "Lower noise", pearsonr(x, x + np.random.normal(0, 1, size)))
print( "Higher noise", pearsonr(x, x + np.random.normal(0, 10, size)))
```

运行后可以得到：

```
Lower noise (0.71824836862138408, 7.3240173129983507e-49)
Higher noise (0.057964292079338155, 0.31700993885324752)
```

在这个例子中，我们比较了变量在加入噪音之前和之后的差异。当噪音比较小的时候，相关性很强，p-value 很低。但皮尔森相关系数有一个明显的缺陷是，它只对线性关系敏感。

方法二：距离相关系数

　　距离相关系数是为了克服皮尔森相关系数的弱点而产生的。它是基于距离协方差进行变量间相关性度量，它的一个优点为变量的大小不是必须一致的，其计算方法如式（5-4）所示，注意通常使用的值为其平方根。

$$Dcor(X,Y) = \frac{dCov(X,Y)}{((dCov^2(X,X))^{\frac{1}{2}} \cdot (dCov^2(Y,Y))^{\frac{1}{2}})^{\frac{1}{2}}} \tag{5-4}$$

计算相关系数的参考代码如下：

```
//Distance_correlation
//Yaroslav and Satrajit on sklearn mailing list
 import numpy as np

 def dist(x, y):
     # 1d only
     return np.abs(x[:, None] - y)

 def d_n(x):
     d = dist(x, x)
     dn = d - d.mean(0) - d.mean(1)[:, None] + d.mean()
     return dn

 def dcov_all(x, y):
     dnx = d_n(x)
     dny = d_n(y)

     denom = np.product(dnx.shape)
     dc = (dnx * dny).sum() / denom
     dvx = (dnx ** 2).sum() / denom
     dvy = (dny ** 2).sum() / denom
     dr = dc / (np.sqrt(dvx) * np.sqrt(dvy))
     return np.sqrt(dr)

x = np.random.uniform(-1, 1, 10000)
dc = dcov_all(x, x ** 2)
print(dc)
```

方法三：卡方检验

卡方检验最基本的思想就是通过观察实际值与理论值的偏差来确定理论的正确与否。具体做的时候常常先假设两个变量确实是独立的，然后观察实际值与理论值的偏差程度，如果偏差足够小，我们就认为误差是很自然的样本误差，是测量手段不够精确导致或者偶然发生的，两者确确实实是独立的，此时就接受原假设；如果偏差大到一定程度，使得这样的误差不太可能是偶然产生或者测量不精确所致，我们就认为两者实际上是相关的，即否定原假设，而接受备择假设。

### 5.2.2.2　基于模型的特征选择

单变量特征选择方法独立地衡量每个特征与响应变量之间的关系，而另一种主流的特征选择方法是基于机器学习模型的方法。

方法一：逻辑回归和正则化特征选择

下面介绍如用回归模型的系数来选择特征。越是重要的特征在模型中对应的系数就会越大，而跟输出变量越是无关的特征对应的系数就会越接近于 0。在噪音不多的数据上，或者是数据量远远大于特征数的数据上，如果特征之间相对来说是比较独立的，那么即便是运用最简单的线性回归模型也一样能取得非常好的效果。

L1 正则化将系数 w 的 L1 范数作为惩罚项加到损失函数上，由于正则项非零，这就迫使那些弱的特征所对应的系数变成 0。因此 L1 正则化往往会使学到的模型很稀疏（系数 w 经常为 0），这个特性使得 L1 正则化成为一种很好的特征选择方法。下面的例子在波士顿房价数据上运行了 Lasso，其中参数 alpha 是通过 grid search 进行优化的。

```
from sklearn.linear_model import Lasso
from sklearn.preprocessing import StandardScaler
from sklearn.datasets import load_boston

boston = load_boston()
scaler = StandardScaler()
X = scaler.fit_transform(boston["data"])
Y = boston["target"]
names = boston["feature_names"]

lasso = Lasso(alpha=.3)
lasso.fit(X, Y)
```

```
print "Lasso model: ", pretty_print_linear(lasso.coef_, names, sort = True)
```

运行后可以得到：

```
Lasso model: -3.707 * LSTAT + 2.992 * RM + -1.757 * PTRATIO + -1.081 *
   DIS + -0.7 * NOX + 0.631 * B + 0.54 * CHAS + -0.236 * CRIM + 0.081
   * ZN + -0.0 * INDUS + -0.0 * AGE + 0.0 * RAD + -0.0 * TAX
```

可以看到，很多特征的系数都是 0。如果继续增加 alpha 的值，得到的模型就会越来越稀疏，即越来越多的特征系数会变成 0。

然而，L1 正则化像非正则化线性模型一样也是不稳定的，如果特征集合中具有相关联的特征，当数据发生细微变化时也有可能导致很大的模型差异。

L2 正则化将系数向量的 L2 范数添加到了损失函数中。由于 L2 惩罚项中系数是二次方的，这使得 L2 和 L1 有着诸多差异，最明显的一点就是，L2 正则化会让系数的取值变得平均。对于关联特征，这意味着他们能够获得更相近的对应系数。L2 正则化对于特征选择来说一种稳定的模型，不像 L1 正则化那样，系数会因为细微的数据变化而波动。所以 L2 正则化和 L1 正则化提供的价值是不同的，L2 正则化对于特征理解来说更加有用：表示能力强的特征对应的系数是非零。

下面看 3 个互相关联的特征的例子，分别以 10 个不同的种子随机初始化运行 10 次，来观察 L1 和 L2 正则化的稳定性。

```
from sklearn.linear_model import Ridge
from sklearn.metrics import r2_score
size = 100

#We run the method 10 times with different random seeds
for i in range(10):
    print "Random seed %s" % i
    np.random.seed(seed=i)
    X_seed = np.random.normal(0, 1, size)
    X1 = X_seed + np.random.normal(0, .1, size)
    X2 = X_seed + np.random.normal(0, .1, size)
    X3 = X_seed + np.random.normal(0, .1, size)
    Y = X1 + X2 + X3 + np.random.normal(0, 1, size)
    X = np.array([X1, X2, X3]).T
```

```
lr = LinearRegression()
lr.fit(X,Y)
print "Linear model:", pretty_print_linear(lr.coef_)

ridge = Ridge(alpha=10)
ridge.fit(X,Y)
print "Ridge model:", pretty_print_linear(ridge.coef_)
print
```

## 运行后可以得到：

```
Random seed 0 Linear model: 0.728 * X0 + 2.309 * X1 + -0.082 * X2 Ridge model
    : 0.938 * X0 + 1.059 * X1 + 0.877 * X2


Random seed 1 Linear model: 1.152 * X0 + 2.366 * X1 + -0.599 * X2 Ridge model
    : 0.984 * X0 + 1.068 * X1 + 0.759 * X2


Random seed 2 Linear model: 0.697 * X0 + 0.322 * X1 + 2.086 * X2 Ridge model
    : 0.972 * X0 + 0.943 * X1 + 1.085 * X2


Random seed 3 Linear model: 0.287 * X0 + 1.254 * X1 + 1.491 * X2 Ridge model
    : 0.919 * X0 + 1.005 * X1 + 1.033 * X2


Random seed 4 Linear model: 0.187 * X0 + 0.772 * X1 + 2.189 * X2 Ridge model
    : 0.964 * X0 + 0.982 * X1 + 1.098 * X2


Random seed 5 Linear model: -1.291 * X0 + 1.591 * X1 + 2.747 * X2 Ridge model
    : 0.758 * X0 + 1.011 * X1 + 1.139 * X2


Random seed 6 Linear model: 1.199 * X0 + -0.031 * X1 + 1.915 * X2 Ridge model
    : 1.016 * X0 + 0.89 * X1 + 1.091 * X2


Random seed 7 Linear model: 1.474 * X0 + 1.762 * X1 + -0.151 * X2 Ridge model
    : 1.018 * X0 + 1.039 * X1 + 0.901 * X2


Random seed 8 Linear model: 0.084 * X0 + 1.88 * X1 + 1.107 * X2 Ridge model
    : 0.907 * X0 + 1.071 * X1 + 1.008 * X2
```

```
Random seed 9 Linear model: 0.714 * X0 + 0.776 * X1 + 1.364 * X2 Ridge model
    : 0.896 * X0 + 0.903 * X1 + 0.98 * X2
```

可以看出，不同的数据上线性回归得到的模型（系数）相差甚远，但对于 L2 正则化模型来说，结果中的系数非常地稳定，差别较小，都比较接近于 1，能够反映出数据的内在结构。

方法二：随机森林特征选择

随机森林具有准确率高、鲁棒性好、易于使用等优点，这使得它成为了目前最流行的机器学习算法之一。随机森林提供了两种特征选择的方法：mean decrease impurity 和 mean decrease accuracy。

在波士顿房价数据集上使用 sklearn 的随机森林回归给出一个单变量选择的例子：

```
from sklearn.cross_validation import cross_val_score, ShuffleSplit
from sklearn.datasets import load_boston
from sklearn.ensemble import RandomForestRegressor

#Load boston housing dataset as an example
boston = load_boston()
X = boston["data"]
Y = boston["target"]
names = boston["feature_names"]

rf = RandomForestRegressor(n_estimators=20, max_depth=4)
scores = []
for i in range(X.shape[1]):
    score = cross_val_score(rf, X[:, i:i+1], Y, scoring="r2",
                            cv=ShuffleSplit(len(X), 3, .3))
    scores.append((round(np.mean(score), 3), names[i]))
print sorted(scores, reverse=True)
```

方法三：XGBoost 特征选择

XGBoost 为工业级用的比较多的模型，其某个特征的重要性（feature score），等于它被选中为树节点分裂特征的次数的和，比如特征 A 在第一次迭代中（即第一棵树）被选中了 1 次去分裂树节点，在第二次迭代被选中 2 次，那么最终特征 A 的 feature score 就是 1+2，可以利用其特征的重要性对特征进行选择。XGBoost 的特征选择的代码如下：

```python
import numpy as np
import pandas as pd
import xgboost as xgb
import operator
import matplotlib.pyplot as plt


def ceate_feature_map(features):
    outfile = open('xgb.fmap', 'w')
    i = 0
    for feat in features:
        outfile.write('{0}\t{1}\tq\n'.format(i, feat))
        i = i + 1
    outfile.close()


if __name__ == '__main__':
    train = pd.read_csv("../input/train.csv")
    cat_sel = [n for n in train.columns if n.startswith('cat')]
    # 类别特征数值化
    for column in cat_sel:
        train[column] = pd.factorize(train[column].values , sort=True)[0] + 1

    params = {
        'min_child_weight': 100,
        'eta': 0.02,
        'colsample_bytree': 0.7,
        'max_depth': 12,
        'subsample': 0.7,
        'alpha': 1,
        'gamma': 1,
        'silent': 1,
        'verbose_eval': True,
        'seed': 12
    }
    rounds = 10
    y = train['loss']
    X = train.drop(['loss', 'id'], 1)
```

```
xgtrain = xgb.DMatrix(X, label=y)
bst = xgb.train(params, xgtrain, num_boost_round=rounds)

features = [x for x in train.columns if x not in ['id','loss']]
ceate_feature_map(features)

importance = bst.get_fscore(fmap='xgb.fmap')
importance = sorted(importance.items(), key=operator.itemgetter(1))

df = pd.DataFrame(importance, columns=['feature', 'fscore'])
df['fscore'] = df['fscore'] / df['fscore'].sum()
df.to_csv("../input/feat_sel/feat_importance.csv", index=False)

plt.figure()
df.plot(kind='barh', x='feature', y='fscore', legend=False, figsize
    =(6, 10))
plt.title('XGBoost Feature Importance')
plt.xlabel('relative importance')
plt.show()
```

方法四：基于深度学习的特征选择

对于图像特征的提取，深度学习具有很强的自动特征抽取能力，通常抽取其特征时将深度学习模型的某一层当作图像的特征。在下一章会对此进行具体介绍。

# 5.3　常见的预测模型

## 5.3.1　基于逻辑回归的模型

逻辑回归模型是目前使用最多的机器学习分类方法，在推荐系统中的应用非常广泛，数据产品经理每天都在从事类似的工作。例如，他们分析购买某类商品的潜在因素，日后就可以判断该类商品购买的概率。通常的做法是挑选两组人群进行对比实验，$A$ 组选择的是购买该商品的人群，$B$ 组选择未购买该商品的人群，这两组实验人群具有不一样的用户画像特征和行为特征，比如性别、年龄、城市和历史购买记录等，产品经理经过统计找出购买某类商品的主要因素或者因素组合。例如，性别女、年龄 25~30 岁、深圳、买过婴儿床的人群买婴儿车的概率比较高。然而，随着近年来互联网飞速发展，渗透到 PC、PAD 和手机等多种设备中，这导致用户在互联网上的画像和行为特征数据异常丰富，有时甚至达到千万级别。此时，通过产品经理来分析购买商品的潜在因素就不太合适了，我们需要依靠机器学习方法来建立用户行为模型、商品推荐模型等实现产品的自动推荐。逻辑回归模型是使用非常广泛的分类方法之一。

假定只考虑二分类问题，给定训练集合 $\{(x_1, y_1, \cdots, (x_n, y_n))\}$，其中 $x_i \in \mathbb{R}^p$ 表示第 $i$ 个用户的 $p$ 维特征，$y_i \in \{0, 1\}$ 表示第 $i$ 个用户是否购买该商品。那么模型必定满足二项式分布：

$$P(y_i|x_i) = u(x_i)^y (1 - u(x_i))^{(1-y_i)} \tag{5-5}$$

其中，$u(x_i) = 1/(1 + \exp(-\eta(x_i)))$, $\eta(x_1) = x_i^{\mathrm{T}}\theta$, $\theta$ 表示模型参数（包含该商品的偏置项），我们通常采用最大似然估计来求解：

$$\begin{aligned}
L &= P(y_1, \cdots, y_n | x_1, \cdots, x_n; \theta) \\
&= \prod_{i=1}^{n} P(y_i|x_i; \theta) \\
&= \prod_{i=1}^{n} u(x_i)^{y_i} (1 - u(x_i))^{(1-y_i)}
\end{aligned} \tag{5-6}$$

进一步，可以得到负对数似然函数：

$$\begin{aligned}
L(\theta) &= -\log P(y_1, \cdots, y_n | x_1, \cdots, x_n; \theta, b) \\
&= -\sum_{i}^{n} \left( y_i \log u(x_i) + (1 - y_i) \log(1 - u(x_i)) \right)
\end{aligned} \tag{5-7}$$

我们通常采用随机梯度下降法来求数值解：

$$\theta = \arg\min_{\theta} \sum_{i}^{n} \left( y_i \log u(x_i) + (1 - y_i) \log(1 - u(x_i)) \right) \tag{5-8}$$

我们对参数 $\theta$ 得到：

$$\frac{\partial L}{\partial \theta} = \sum_{i}^{n} (g(x_i^{\mathrm{T}}\theta) - y_i) x_i \tag{5-9}$$

其中，$g(x) = 1/(1 - \exp(-x))$ 进一步，可以得到：

$$\theta^{t+1} = \theta^t - \rho(g(x_i^{\mathrm{T}}\theta) - y_i) x_i \tag{5-10}$$

其中 $0 < \rho < 1$ 是步长参数。此外，我们也可以采用批次梯度下降。两者对比，随机梯度下降更快靠近到最小值但可能无法收敛，而是一直在最小值周围震荡。但在实践中，随机梯度下降也能取得不错的效果。进一步，数值求解方法还有 Newton-Raphson 方法、Quasi-Newton 方法等。下面是逻辑回归模型的代码实现：

```python
import random
import numpy as np
class LogisticRegression(object):
    def __init__(self, x, y, lr=0.0005, lam=0.1):
        """
        x: features of examples
        y: label of examples
        lr: learning rate
        lambda: penality on theta
        """
        self.lr = lr
        self.lam = lam
        self.theta = np.array([0.0] * (n + 1))
    def _sigmoid(self, x):
        z = 1.0 / (1.0 + np.exp((-1) * x))
        return z
    def loss_function(self):
        u = self.__sigmoid(np.dot(self.x, self.theta))
        c1 = (-1) * self.y * np.log(u)
        c2 = (1.0 - self.y) * np.log(1.0 - u)
        # compute the cross-entroy
        loss = np.average(sum(c1 - c2) + 0.5 * self.lam *
            sum(self.theta[1:] ** 2))
        return loss
    def _gradient(self, iterations):
        # m is the number of examples, p is the number of features.
        m, p = self.x.shape
        for i in xrange(0, iterations):
            u = self._sigmoid(np.dot(self.x, self.theta))
            diff = h_theta - self.y
            for _ in xrange(0, p):
                self.theta[_] = self.theta[_] - self.lr * (1.0 / m) * (sum(
                    diff * self.x[:, _]) + self.lam * m * self.theta[_])
```

```
        cost = self._loss_function()
def run(self, iterations):
    self._gradient(iterations)
def predict(self, X):
    preds = self.__sigmoid(np.dot(x, self.theta))
    np.putmask(preds, preds >= 0.5, 1.0)
    np.putmask(preds, preds < 0.5, 0.0)
    return preds
```

## 5.3.2 基于支持向量机的模型

20 世纪 60 年代 Vapnik 等人提出了支持向量算法 (Support Vector Algorithm)。1998 年 John Platt 提出 Sequential minimal optimization 算法解决二次规划问题，并发展出了支持向量机 (Support Vector Machine) 理论，该算法在 90 年代迅速成为机器学习中最好的分类算法之一。

支持向量机模型把训练样本映射到高维空间中，以使不同类别的样本能被清晰的超平面分割出来。而后，新样本继续映射到相同的高维空间，基于它落在超平面的哪一边预测样本的类别，所以支持向量机模型是非概率的线性模型。

给定训练集合 $\{x, y\} = \{(x_1, y_1, \cdots, (x_n, y_n))\}$，其中 $x_i \in \mathbb{R}^p$ 表示第 i 个用户的 p 维特征，$y_i \in \{-1, 1\}$ 表示第 i 个用户是否购买该商品。任意的超平面满足：

$$|w^t x + b| = 1 \tag{5-11}$$

如果训练集合是线性可分的，那么我们选择两个超平面分割数据集，使得两个超平面之间没有样本点并且最大化超平面之间的距离。

$$\begin{cases} w^{\mathrm{T}} x + b \geqslant 1, y = 1 \\ w^{\mathrm{T}} x + b \leqslant 1, y = -1 \end{cases}$$

故，对于任意样本点，可以得到：

$$y_i(x^{\mathrm{T}} x_i + b) \geqslant 1 \tag{5-12}$$

进一步，可以得到：

$$\underset{w,b}{\arg\min} \frac{1}{2} \|w\|^2, \quad \text{st.} \ y_i(x^{\mathrm{T}} x_i + b) \geqslant 1 \tag{5-13}$$

为了求解优化问题，我们引入拉格朗日乘子：

$$L(w, b, \alpha) = \frac{1}{2}\|w\|^2 - \sum_{i=1}^{n} \alpha_i\big(y_i(w^{\mathrm{T}}x_i + b - 1)\big), \quad \text{st. } \alpha_i \geqslant 0 \tag{5-14}$$

通过求导，可以得到：

$$\begin{aligned} \frac{\partial L}{\partial w} &= w - \sum_{i=1}^{n} \alpha_i y_i x_i \\ \frac{\partial L}{\partial b} &= \sum_{i=1}^{n} \alpha_i y_i \end{aligned} \tag{5-15}$$

根据 KKT 条件，可以得到：

$$\forall i, \; \alpha_i\big(y_i(w^{\mathrm{T}}x_i + b - 1)\big) = 0 \tag{5-16}$$

从而：

$$\alpha_i = 0 \;\; or \;\; y_i(w^{\mathrm{T}}x_i + b) = 1 \tag{5-17}$$

然而，只有一些 $\alpha_i \neq 0$，相应地，那些满足 $y_i(w^{\mathrm{T}}x_i + b) = 1$ 的 $x_i$ 就是支撑向量。

如果训练集合是线性不可分的，即样本点线性不可分：

$$y_i(w^{\mathrm{T}}x_i + b - 1) \not\geqslant 1 \tag{5-18}$$

我们可以弱化约束条件，使得：

$$y_i(w^{\mathrm{T}}x_i + b - 1) \geqslant 1 - \xi_i, \;\; \xi_i \geqslant 0 \tag{5-19}$$

那么，优化问题变成：

$$\underset{w,b}{\arg\min} \; \frac{1}{2}\|w\|^2 + c\sum_{i=1}^{n} \xi_i, \quad \text{st. } y_i(x^{\mathrm{T}}x_i + b) \geqslant 1 - \xi_i \tag{5-20}$$

为了求解优化问题，我们引入拉格朗日乘子：

$$L(w, b, \xi, \alpha, \beta) = \frac{1}{2}\|w\|^2 + c\sum_{i=1}^{n}\xi_i - \sum_{i=1}^{n}\alpha_i\big(y_i(w^{\mathrm{T}}x_i + b) + \xi_i - 1\big) - \sum_{i=1}^{n}\beta_i\xi_i, \quad \text{st. } \alpha_i \geqslant 0 \tag{5-21}$$

通过求导，可以得到：

$$\begin{aligned} \frac{\partial L}{\partial w} &= w - \sum_{i=1}^{n} \alpha_i y_i x_i \\ \frac{\partial L}{\partial b} &= \sum_{i=1}^{n} \alpha_i y_i \\ \frac{\partial L}{\partial \xi_i} &= c - \alpha_i - \beta_i \end{aligned} \tag{5-22}$$

根据 KKT 条件，可以得到:

$$\begin{cases} \forall i, \ \alpha_i\big(y_i(w^{\mathrm{T}}x_i + b - 1) + \xi_i\big) = 0 \\ \forall i, \ \beta_i\xi_i = 0 \end{cases}$$

从而:

$$\begin{cases} \alpha_i = 0 \ \ or \ \ y_i(w^{\mathrm{T}}x_i + b) = 1 - \xi_i \\ \beta_i = 0 \ \ or \ \ \xi_i = 0 \end{cases}$$

下面是支持向量机模型的代码实现:[1]

```python
import numpy as np
class SVM():
    def __init__(self, C=1.0, kernel="rbf", degree=3, gamma=1.0, coef0=0.0,
                 tol=1e-4, alphatol=1e-7, maxiter=10000, numpasses=10,
                 random_state=None, verbose=0):
        self.C = C
        self.kernel = kernel
        self.degree = degree
        self.gamma = gamma
        self.coef0 = coef0
        self.tol = tol
        self.alphatol = alphatol
        self.maxiter = maxiter
        self.numpasses = numpasses
        self.random_state = random_state
        self.verbose = verbose
    def fit(self, X, y):
        """Fit the model to data matrix X and target y.
        X : array-like, shape (n_samples, n_features)
            The input data.
        y : array-like, shape (n_samples,)
            The class labels.
        returns a trained SVM
        """
        self.support_vectors_ = check_array(X)
        self.y = check_array(y, ensure_2d=False)
        random_state = check_random_state(self.random_state)
```

---

[1]实现方式修改来自 http://github.com/geek-ai/irgan/master/item_reconmendation

```
        self.kernel_args = {}
        if self.kernel == "rbf" and self.gamma is not None:
            self.kernel_args["gamma"] = self.gamma
        elif self.kernel == "poly":
            self.kernel_args["degree"] = self.degree
            self.kernel_args["coef0"] = self.coef0
        elif self.kernel == "sigmoid":
            self.kernel_args["coef0"] = self.coef0
        K = pairwise_kernels(X, metric=self.kernel, **self.kernel_args)
        self.dual_coef_ = np.zeros(X.shape[0])
        self.intercept_ = _svm.smo(
            K, y, self.dual_coef_, self.C, random_state, self.tol,
            self.numpasses, self.maxiter, self.verbose)
        # If the user was using a linear kernel, lets also compute and store
        # the weights. This will speed up evaluations during testing time.
        if self.kernel == "linear":
            self.coef_ = np.dot(self.dual_coef_ * self.y, self.support_
                vectors_)
        # only samples with nonzero coefficients are relevant for predictions
        support_vectors = np.nonzero(self.dual_coef_)
        self.dual_coef_ = self.dual_coef_[support_vectors]
        self.support_vectors_ = X[support_vectors]
        self.y = y[support_vectors]
        return self
    def decision_function(self, X):
        if self.kernel == "linear":
            return self.intercept_ + np.dot(X, self.coef_)
        else:
            K = pairwise_kernels(X, self.support_vectors_,
                metric=self.kernel, **self.kernel_args)
            return (self.intercept_ + np.sum(self.dual_coef_[np.newaxis,
                :] * self.y * K, axis=1))
    def predict(self, X):
        return np.sign(self.decision_function(X))
```

### 5.3.3 基于梯度提升树的模型

2002 年 Friedman 等人提出 Stochastic gradient boosting 方法并发展成梯度提升树（GBDT），该算法由于准确率高、训练快速等优点受到广泛关注。它被广泛应用到分类、回归和排序问题中。该算法是一种 Additive 树模型，每棵树学习之前 Additive 树模型的残差，它在被提出之初就和 SVM 一起被认为是泛化能力较强的算法。此外，许多研究者相继提出 XGBoost、LightGBM 等，又进一步提升了 GBDT 的计算性能。

假定只考虑二分类问题，给定训练集合 $\{(x_1, y_1, \cdots, (x_n, y_n))\}$，其中 $x_i \in \mathbb{R}^p$ 表示第 $i$ 个用户的 $p$ 维特征，$y_i \in \{0, 1\}$ 表示第 $i$ 个用户是否购买该商品。模型的目标是选择合适的分类函数 $F(x)$ 最小化损失函数：

$$L = \arg\min_F \sum_{n=1}^{n} L(y_i, F(x_i)) \tag{5-23}$$

梯度提升模型以 Additive 的形式考虑分类函数 $F(x)$：

$$F(x) = \sum_{m=1}^{T} f_m(x) \tag{5-24}$$

其中 T 是迭代次数，$\{f_m(x)\}$ 被定义成增量的形式，在 $m_{\text{th}}$ 步，$f_m$ 去优化目标值与 $f_{j \, j=1}^{m-1}$ 累积值之间的残差。对于梯度提升树模型，每个函数 $f_m$ 是一组包含独立参数的基础分类器 (决策树)，模型参数 $\theta$ 表示决策树的结构，比如用于分裂内部节点的特征和它的阈值等。在 $m_{\text{th}}$ 步，优化函数可以近似成：

$$L(y_i, F_{m-1}(x_i) + f_m(x_i)) \approx L(y_i, F_{m-1}(x_i)) + g_i f_m(x_i) + \frac{1}{2} f_m(x_i)^2 \tag{5-25}$$

其中 $F_{m-1}(x_i)$，$g_i$ 分别为：

$$F_{m-1}(x_i) = \sum_{j=1}^{m-1} f_j(x_i), \quad g_i = \frac{\partial L(y_i, F(x_i))}{\partial F(x_i)} | F(x_i) = F_{m-1}(x_i) \tag{5-26}$$

通过最小化式子（5-25）的右式，可以得到：

$$f_m = \arg\min_{f_m} \sum_{i=1}^{n} \frac{1}{2} (f_m(x_i) - g_i)^2 \tag{5-27}$$

下面是支持梯度提升树模型的代码实现：

```python
class Tree:
    def __init__(self):
        self.split_feature = None
        self.leftTree = None
        self.rightTree = None
        self.real_value_feature = True
        self.conditionValue = None
        self.leafNode = None
    def get_predict_value(self, instance):
        if self.leafNode:
            return self.leafNode.get_predict_value()
        if not self.split_feature:
            raise ValueError("the tree is null")
        if self.real_value_feature and instance[self.split_feature] < self.
            conditionValue:
            return self.leftTree.get_predict_value(instance)
        elif not self.real_value_feature and instance[self.split_feature] ==
            self.conditionValue:
            return self.leftTree.get_predict_value(instance)
        return self.rightTree.get_predict_value(instance)
    def describe(self, addtion_info=""):
        if not self.leftTree or not self.rightTree:
            return self.leafNode.describe()
        leftInfo = self.leftTree.describe()
        rightInfo = self.rightTree.describe()
        info = addtion_info+"{split_feature:"+str(self.split_feature)+",split
            _value:"
        +str(self.conditionValue +"[left_tree:"+leftInfo+",right_tree:"+
            rightInfo+"]}"
        return info
class LeafNode:
    def __init__(self, idset):
        self.idset = idset
        self.predictValue = None
    def describe(self):
        return "{LeafNode:"+str(self.predictValue)+"}"
    def get_idset(self):
```

```
        return self.idset
    def get_predict_value(self):
        return self.predictValue
    def update_predict_value(self, targets, loss):
        self.predictValue = loss.update_terminal_regions(targets, self.idset)
 def FriedmanMSE(left_values, right_values):
    weighted_n_left, weighted_n_right = len(left_values), len(right_values)
    total_meal_left, total_meal_right = sum(left_values)/float(weighted_n_
        left), sum(right_values)/float(weighted_n_right)
    diff = total_meal_left - total_meal_right
    return (weighted_n_left * weighted_n_right * diff * diff /
        (weighted_n_left + weighted_n_right))
```

## 5.4　排序学习

排序学习（Learn to rank，L2R）是机器学习和信息检索结合的产物，是一类通过监督训练来优化排序结果的方法，主要优势在于用监督数据直接来优化排序的结果。排序学习原本来自信息检索领域，用于对给定查询，根据查询和文档对之间的特征对文档进行排序，也适用于各类泛检索的任务，例如协同过滤等推荐系统。在排序学习之前，通用的检索方法，比如 TF·IDF、BM25 和语言模型等方法，除了很少量调参，基本不会用到监督信息。随着互联网的发展，更多的数据积累和更高的精度要求模型能够很好地消化数据以提高精度，排序学习应运而生。为了提升检索效果，一方面会雇佣人工显式地标注文档与查询相关与否的标签，这类标注的数据量级一般来说比较小，但是质量很高；另一方面大量的用户的操作行为（点击、浏览、收藏、购买等）隐式地成为了有效的监督信号。排序学习使用这两类监督数据取得了非常好的结果，成为现代网页搜索的关键技术之一[1]。

### 5.4.1　基于排序的指标来优化

在常见的推荐场景下，系统需要预测用户对商品的偏好。之前大部分推荐系统都把它当作一个回归的任务（CTR 预测），用模型去预测用户对商品的偏好，尝试去拟合整

---

[1]Li Hang, A Short Introduction to Learning to Rank

个商品集合的分数值，力求模型预测的绝对值与标签尽可能一致。经典的回归预测的评价指标是 RMSE（均方根），其定义为：

$$\text{RMSE} = \sqrt{\dfrac{\sum\limits_{i=1}^{n}(y_i - \hat{y}_i)^2}{n}}$$

该值计算了预测值和实际值的平均误差，一般来说，对所有的样本同等看待。如果所有样本的预测值与标签目标值的绝对大小完全一致，loss 减小为 0，才会停止优化。该指标的计算直接跟每一个样本相关，没有把排序结果当成一个整体去考虑。此处的目标值 $\hat{y}$ 一般是相关/不相关，或者是购买和未购买，分别取值 1 或者 0。为了避免涉及给目标值设计一个线性的分值，一般的取值不会超过两个离散的值。

但是在实际推荐系统的场景下，系统更可能关心的是头部预测的结果是否准确，TopN 个结果的偏序关系是否满足用户需求，比如，搜索引擎只要前一两页的结果能够满足用户就够了，优化后面页面的结果对提升用户体验的效果有限。这样要求就从一个经典的回归问题转变为考虑一个排序任务。作为排序任务，优化的目标是维持一个相对偏序关系，对预测分数的绝对值不是那么敏感。优化的目标只要能够保证让正例尽可能排在前面，而其他的负例只要相对值小一些，那么就可以在生产环境表现得不错。换句话说，推荐系统希望所有的商品的相对偏序关系能够预测准确（排序方法），而不要求对预测值的绝对值准确（回归方法）。还有，推荐系统更希望对排名靠前的头部商品更敏感，而基于回归预测的方法对这种位置偏置并不很敏感。鉴于这两点，基于排序评价指标（而不是基于回归的评价指标）来评价推荐系统显得更加合理。

经典的排序指标包括 MRR（Mean Reciprocal Rank）、MAP（Mean Average Precision），这两类指标是基于分类标签的取值，只有相关（1）或者不相关（0）两个结果。当相关性的取值不是 0/1 的时候，例如有"非常相关""很相关""相关""一般相关"和"不相关"五级的相关性结果时，NDCG（Normalized Discounted Cumulative Gain）是一个更常用的指标。DCG 的定义为：

$$\text{DCG@}T \equiv \sum_{i=1}^{T} \dfrac{2^{l_i} - 1}{\log(1 + i)} \tag{5-28}$$

对于推荐系统给出一个排序列表（对一个用户/查询），$l_i$ 是当前系统给出的前 T 个商品的评分（可以是 0/1 或者取值更多的细粒度标签）。分子项是推荐 $l_i$ 的收益，对高分商品的推荐有指数级的收益，0 分商品没有收益。分母是对位置的偏置，位置越靠后会有一个衰减系数，排在前面的商品得分越多会有更高的收益。排在后面的商品的收益会有一个跟位置相关的折扣，其对评价结果的影响越来越小，超过截断值 $T$ 的商品对结果没有影响。把前面 T 个推荐结果累加起来就是 DCG，即折扣的累积收益。但是该值的取值范围没有任何约束，需要归一化。归一化的方法是除以一个理想的最好的 DCG 的结果，理想的排序结果是根据标注的结果，从高往低排出一个列表，即是该场景能够得到的最大 ncg 值 maxDCG@T（该场景能做到的最大的排序收益）。将系统排序的结果除以 maxDCG@T，就会归一化到 0 到 1 之间，最好情况跟理想的排序结果一致，即是 1。RMSE 只跟单个样本的结果相关，不同样本的预测结果之间不会直接关联起来，而 NDCG 指标是针对整个排序的列表去计算，优化的是一个整体排序的结果。

## 5.4.2　L2R 算法的三种情形

L2R 系列算法一般分成三类，分别是 Point-wise、Pair-wise 和 List-wise。

### 5.4.2.1　Point-wise

Point-wise 的方案实现简单，基于单个样本去优化，排序问题退化成通用的回归/分类问题，一般是一个二分类的任务，是机器学习的典型判别问题。对于用户（query）q，两个商品 $D_i$ 和 $D_j$，排序模型的核心就是根据两个商品的特征来学习一个分数映射 f，使得 $S_i = f(X_i)$，$x_i$ 可以是一些手工特征（跟 $D_i$ 有关或者是跟 $D_i$ 和 q 都相关），也可以是一些其他模型的结果放进来集成学习。f 可以是一个逻辑回归模型、迭代决策树 GBDT（MART），也可以是一个多层的神经网络。

该问题有一个显著的问题就是，模型的分数是用户无关的，所有用户和商品的打分会有统一的度量作为预测值。第一个问题是对头部的商品不敏感。第二个问题是无法有效地容忍某个用户或者某个商品的偏置，例如，对于不同用户（query）而言，只要商品（document）的标签是 1（0/1 两个取值的标签），那么他们就会被归为一类。即使用户 A（query）的所有实际购买商品（document）的特征值算出来的预测值普遍都比较低，另外一个用户 B（query）的所有实际购买商品（document）的特征值算出来的预测值普遍相对偏高，他们的标签的目标值都是 1。

### 5.4.2.2　Pair-wise

Pair-wise 的方案将排序问题约减成一个对偏序对的二分类问题，即偏序对关系正确还是错误，一个附带的好处是可以方便利用多粒度的相关性，即使用户对商品有着非线性的多级评价程度，例如，P（perfect）非常满意、G（Good）满意、满意 B（Bad），也可以方便地去构造这样的偏序对。

在给定查询 q 的场景下，文档对的差值归一化成一个概率分布（其实就是一个二项分布，包含预测偏序关系成立和不成立的的两个概率），然后根据该分布与目标标签的差异（例如交叉熵损失）来通过标准梯度下降方法进行优化。我们把两个分数的差值 $S_i - S_j$ 通过 Sigmoid 函数归一化到 0~1（满足概率的定义），它的含义为 $D_i$ 比 $D_j$ 更好的概率：

$$P_{ij} \equiv P(U_i \triangleright U_j) \equiv \frac{1}{1 + e^{-\sigma(s_i - s_j)}} \tag{5-29}$$

定义损失函数为交叉熵损失函数：

$$C = -\hat{P}_{ij}\log P_{ij} - (1 - \hat{P}_{ij})\log(1 - P_{ij}) \tag{5-30}$$

其中 $\hat{P}$ 是实际的标签，所以上式 $\hat{P}_{ij}$ 和 $(1 - \hat{P}_{ij})$ 必有一个是零项，也就是上述两个子式只有一项不为 0。按照标准的梯度下降就可以优化这个损失函数。

这样的优化有一个典型的问题，如图 5.8 所示是一个排序结果的例子，一共有 15 个需要排序的商品（item/document），蓝色是正例，需要排在上面，当前排序第 1 和第 14 错位，所以一共有 13 个文档对的顺序错了，总的损失由 13 个排序错误的损失相加。模型

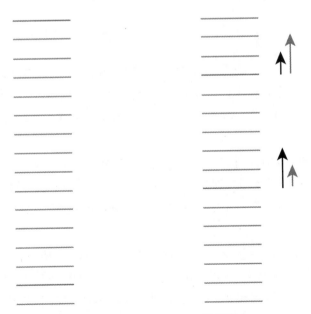

图 5.8　Learn to rank 的局限

经过一轮迭代之后,第一个正例文档排到了第 4,第二个负例文档排到了第 10,此时有 11 个文档对排序错误,损失可能是减小了,但是评价结果却反而恶化了,因为最前面的三个结果都是错的。我们需要一个对前面的排序结果更敏感的模型,像浅色箭头那样,把能更好提升文档对顺序预测对。黑色的箭头虽然能够减少总的 loss,但是实际并没有提高评价指标,如 NDCG。

对推荐任务有一个合理的评价指标是我们做推荐任务的一个前提,但是评价指标无法直接嵌入到损失函数,优化的目标不能直接提升检索和推荐的性能。根据上一节的介绍,实际上 NDCG 评价指示的计算函数并不是连续的,也就是说在优化的时候,即使模型参数有小的变动,虽然预测的分数会平滑地改变,但是如果分数改变没有改变其中任意文档之间的相对大小,其 NDCG 指标没有变化,这样的指标并不好直接定义成损失函数。

在 pair-wise 的 Learn to rank 范式中,lambda 系列算法的提出就是为了解决这个问题,在训练阶段可直接优化评价指标。一个常见的方法是直接更改损失函数,lambda 系列(如 LambdaRank)算法正是如此。lambda 的物理意义是梯度更新的方向和大小。对于查询 $q$ 对应的文档对 $d_i$ 和 $d_j$,lambda 定义为交换 $d_i$ 和 $d_j$ 排序结果的 NDCG 的变化值 $\Delta$NDCG。梯度下降求解如下:

$$\lambda = \frac{\partial C(s_i - s_j)}{\partial s_i} - \frac{-\sigma}{1 + e^{\sigma(s_i - s_j)}} |\Delta \text{NDCG}| \qquad (5\text{-}31)$$

在 pair-wise 的场景下,训练的样本是给定的查询 $q$ 和一对文档 $d_i$ 和 $d_j$,lambda 系列算法的做法是在当前的样本的损失函数里面算上一个增益/折扣因子,该因子在反向传播的时候,可以理解成一个常数,等价于对所有需要更新的参数的梯度上乘以一个该增益/折扣因子。

以 NDCG 为例,该增益/折扣因子就是,当前模型针对 query 评价指标的优化结果。直观的意义是如果这样一个文档偏序对交换顺序之后对 NDCG 的影响很大,那么这次梯度方向会更新更多的梯度,如果影响很小,会更新的更少,这样一个技巧就会给模型带来很大性能提升。

这种方式是跟用户(query)相关的,单个用户(query)和所有商品的偏好预测值的绝对值满足了排序关系,就无需继续优化。该方式存在一些问题,例如,不同用户(query)的偏序对的数量可能差异比较大,使得模型结果在偏序列对多的同用户(query)较好,没有消除不同用户(query)的样本数量的偏置。

### 5.4.2.3　List-wise

基于整个排序列表去优化，对于单个用户（query）而言，把整个需要排序的列表当成一个学习样本（instance），直接通过 NDCG 等指标来优化。例如，AdaRank 和 ListNet，直接使用定义在一个排序结果列表上的损失函数。AdaRank 直接针对每一个 query 对整个排序列表计算与理想列表的差异，然后通过 boost 策略来调节不同 query 的权重。一般来说，基于 list-wise 比 pair-wise 更有效，而 pair-wise 比 point-wise 有效，实际经验上的结果或许会有部分差异。

# 第 **6** 章

# 基于深度学习的推荐模型

深度学习的爆发使得人工智能进一步发展，阿里巴巴、腾讯、百度先后建立了自己的 AI Labs，就连传统的厂商 OPPO、VIVO 都在筹备建立自己的人工智能研究所。我们都知道深度学习在图像、语言处理上有得天独厚的优势，并且已经得到了业界的认可和验证。那么为什么推荐系统也需要引入深度学习呢？推荐系统从基于内容的推荐，到协同过滤的推荐，协同过滤的推荐在整个推荐算法领域多年来独领风骚，从基本的基于用户的协同过滤，基于 item 的协同过滤，到基于 model 的协同过滤，众多算法不断发展和延伸。或许深度学习在推荐系统里面没有像在图像处理领域那样一枝独秀，但是深度学习对于推荐系统在以下几个方面确实起到了不可替代的作用：

1）能够直接从内容中提取特征，表征能力强；

2）容易对噪声数据进行处理，抗噪能力强；

3）可以使用循环神经网络对动态或者序列数据进行建模；

4）可以更加准确地学习 user 和 item 的特征。

并且从最近国外推荐系统论文的发表情况上看，深度学习已经深入扩展到推荐系统领域。我们对深度学习在推荐系统应用的主要方法进行了系统整理，供读者深入了解深度学习在推荐系统的进展。下面介绍几种基于深度学习的推荐算法，其中对于基于 DeepFM 的模型，我们将会一步一步地介绍其 tensorflow 实现方法，其他的模型代码可以直接参考本书的 GitHub。

## 6.1 基于 DNN 的推荐算法

推荐系统和类似的通用搜索排序问题共有的一大挑战为同时具备记忆能力与泛化能力。记忆能力可以解释为学习那些经常同时出现的特征，发掘历史数据中存在的共现性。泛化能力则基于迁移相关性，探索之前几乎没有出现过的新特征组合。基于记忆能力的推荐系统通常偏向学习历史数据的样本，直接与用户已经采取的动作相关；泛化能力相比记忆能力则更趋向于提升推荐内容的多样性。

对工业界大规模线上推荐和排序系统中，广义线性模型（如逻辑回归）得到了广泛应用，因为它们简单，可扩展，可解释。这些模型一般在二值稀疏特征上训练，这些特征一般采用独热编码。举个例子，如果用户安装了腾讯视频，则二值特征 user_installed_app=TencenVideo 的值为 1。模型的记忆能力可以有效地通过稀疏特征之上的外积变换获得，类似地，当用户安装了腾讯视频，随后又展示了 QQ 音乐，那么 AND（user_installed_app=TencentVideo, impression_app=QQMusic）的值为 1。这解释了同时发生的一对特征是如何与对应标签关联的。进一步我们可以通过使用小颗粒特征提高泛化能力，例如，AND（user_installed_category=video, impression_category=music），但这些特征常常需要人工来选择。外积变换有一个限制，它对于不在训练数据中的查询项不具备泛化能力。

另一方面基于嵌入的模型（如 factorization machine 和深度神经网络）对以前没有出现过的查询项特征对也具备泛化能力，通过为每个查询和条目特征学习一个低维稠密的嵌入向量，减轻了特征工程负担。但它很难有效学习低维表示，当 query-item 矩阵稀疏且高秩时，例如用户有特殊偏好，或者只有极少量需求的条目，这种情况下，大多数 query-item 是没有交集的，但稠密嵌入会给所有 query-item 带来非零预测，从而可能过度泛化，给出完全不相关的推荐。而使用外积特征变换的线性模型只需少量参数就能记住这些"特殊偏好"。

所以自然而然地可以想到，通过联合训练一个线性模型组件和一个深度神经网络组件得到 Wide & Deep 模型（如图 6.1 所示）。这样用一个模型就可以同时获得记忆能力和泛化能力。

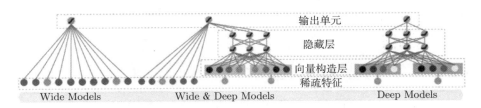

图 6.1　Wide & Deep 模型结构

YouTube 团队在推荐系统上进行了 DNN 方面的尝试，发表在 2016 年 9 月的 RecSys 会议上，目前已经被百度、阿里巴巴、腾讯等各大互联网公司引入推荐系统中。一般来说整个推荐系统分为召回（Matching 或 candidate generation）和排序（Ranking）两个阶段。召回阶段通过 i2i/u2i/u2u/user profile 等方式"粗糙"地召回候选物品，召回阶段视频的数量是百万级别；排序阶段对召回后的视频采用更精细的特征计算 user-item 之间的排序分，作为最终输出推荐结果的依据。

第一部分：召回阶段

我们把推荐问题建模成一个"超大规模多分类"问题。即在时刻 $t$，为用户 $U$（上下文信息 $C$）在视频库 $V$ 中精准地预测出视频 $i$ 的类别（每个具体的视频视为一个类别，$i$ 即为一个类别），用数学公式表达如下：

$$P(w_t = i|U, C) = \frac{e^{v_i, u}}{\sum_{j \in V} e^{v_i, u}} \tag{6-1}$$

很显然上式为一个 softmax 多分类器的形式。向量 $u \in R^N$ 是 <user, context> 信息的高维"embedding"，而向量 $v_j \in R^N$ 则是视频 $j$ 的 embedding 向量。所以 DNN 的目标就是在用户信息和上下文信息为输入条件下学习用户的 embedding 向量 $u$。用公式表达 DNN 就是在拟合函数 $u = f\_DNN(user\_info, context\_info)$。

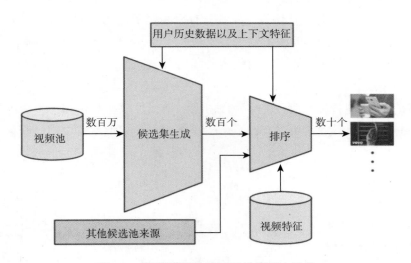

图 6.2　推荐系统的召回和排序两个阶段

在这种超大规模分类问题上，至少要有几百万个类别，实际训练采用的是 Negative Sampce（负采样），或是采用前面我们介绍 word2vec 方法时提到的 SkipGram 方法。

整个模型架构是包含三个隐层的 DNN 结构。输入是用户浏览历史、搜索历史、人口统计学信息和其余上下文信息 concat 成的输入向量；输出分线上和离线训练两个部分。

离线训练阶段输出层为 softmax 层，输出公式（6-1）表达的概率。而线上则直接利用 user 向量查询相关商品，最重要问题在性能方面。我们利用类似局部敏感哈希的算法为用户提供最相关的 $N$ 个视频。

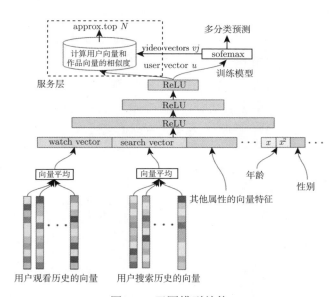

图 6.3　召回模型结构

类似于 word2vec 的做法，每个视频都会被 embedding 到固定维度的向量中。用户的观看视频历史则是通过变长的视频序列表达，最终通过加权平均（可根据重要性和时间进行加权）得到固定维度的 watch vector 作为 DNN 的输入。

除历史观看视频外还包括以下其他特征。

历史搜索 query：把历史搜索的 query 分词后的 token 的 embedding 向量进行加权平均，能够反映用户的整体搜索历史状态；

人口统计学信息：性别、年龄、地域等；

其他上下文信息：设备、登录状态等。

在有监督学习问题中，最重要的选择是 label（目标变量）了，因为 label 决定了模型的训练目标，而模型和特征都是为了逼近 label。YouTube 也提到了如下设计：

使用更广的数据源：不仅仅使用推荐场景的数据进行训练，其他场景比如搜索等的数据也要用到，这样也能为推荐场景提供一些探索功能。

为每个用户生成固定数量训练样本：我们在实际中发现一个训练技巧，如果为每个用户固定样本数量上限，平等地对待每个用户，避免 loss 被少数活跃用户代表，能明显提升线上效果。

抛弃序列信息：对过去观看视频/历史搜索 query 的 embedding 向量进行加权平均。

不对称的共同浏览（asymmetric cowatch）问题：所谓 asymmetric cowatch 指的是用户在浏览视频时候，往往都是序列式的，开始看一些比较流行的，逐渐找到细分的视频。

下图所示图（a）是 heldout 方式，利用上下文信息预估中间的一个视频；图（b）是 predicting next watch 的方式，则是利用上文信息，预估下一次浏览的视频。我们发现图（b）的方式在线上 A/B test 中表现更佳。而实际上，传统的协同过滤类算法，都是隐含地采用图（a）的 heldout 方式，忽略了不对称的浏览模式。

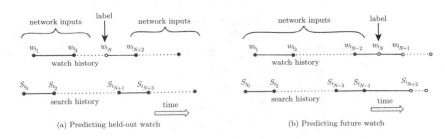

图 6.4　序列信息

第二部分：排序阶段

排序阶段最重要任务就是精准地预估用户对视频的喜好程度。不同于召回阶段面临的是百万级的候选视频集，排序阶段面对的只是百级别的视频集，因此我们可以使用更多更精细的特征来刻画视频（item）以及用户与视频（user-item）的关系。比如用户可能很喜欢某个视频，但如果列表页选用的"缩略图"选择不当，用户也许因此不会点击，等等。此外，召回阶段的来源往往很多，没法直接相互比较，排序阶段另一个关键的作用是能够把不同来源的数据进行有效的比较。

在目标的设定方面，单纯 CTR 指标是有迷惑性的，有些靠关键词吸引用户高点击的视频未必能够被播放。因此设定的目标基本与期望的观看时长相关，具体的目标调整则根据线上的 A/B 进行调整。

排序阶段的模型和召回基本相似，不同的是模型最后一层是一个 weighted LR 层，而线上服务阶段激励函数用的是 $e^x$。

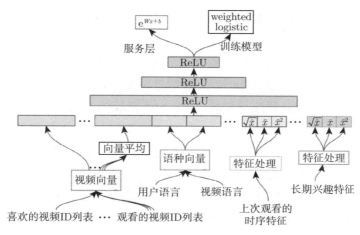

图 6.5　排序模型结构

尽管深度学习在图像、语音和 NLP 等场景都能实现 end-to-end 的训练，取消了人工特征工程工作。然而在搜索和推荐场景，我们很难把原始数据直接作为 FNN 的输入，特征工程仍然很重要。特征工程中最难的是如何建模用户时序行为（temporal sequence of user actions），并且将这些行为和要排序的 item 相关联。

YouTube 发现最重要的特征是描述用户与商品本身或相似商品之间交互的特征，这与 Facebook 在 2014 年提出 LR+GBDT 模型的论文（Practical Lessons from Predicting Clicks on Ads at Facebook）中得到的结论是一致的。比如我们要度量用户对视频的喜欢程度，可以考虑用户与视频所在频道间的关系。

数量特征：浏览该频道的次数；时间特征：比如最近一次浏览该频道距离现在的时间。这两个连续特征的最大好处是具备非常强的泛化能力。另外除了这两个偏正向的特征，用户对于视频所在频道的一些 PV 但不点击的行为，即负反馈 Signal 同样非常重要。

另外，我们还发现，把召回阶段的信息，比如推荐来源和所在来源的分数，传播到排序阶段同样能取得很好的提升效果。

NN 更适合处理连续特征，因此稀疏的特别是高基数空间的离散特征需要 embedding 到稠密的向量中。每个维度（比如 query/user_id）都有独立的 embedding 空间，一般来说空间的维度基本与 log（去重后值的数量）相当。实际并非为所有的 ID 进行 embedding，比如视频 ID，只需要按照点击排序，选择 top $N$ 视频进行 embedding，其余置为 0 向量即可。而对于像"过去点击的视频"这种 multivalent 特征，与 Matching 阶段的处理相同，进行加权平均即可。同时，同维度不同特征采用的相同 ID 的 embedding 是共享的（比如

"过去浏览的视频 ID""seed 视频 ID"），这样可以大大加速训练过程，但显然输入层仍要分别填充。

众所周知，NN 对输入特征的尺度和分布都是非常敏感的，实际上，基本上除了 TreeBased 的模型（比如 GBDT/RF），机器学习的大多算法都如此。我们发现归一化方法对收敛很关键，推荐一种排序分位归一到 $[0,1]$ 区间的方法，即 $\bar{x} = \int_{-\infty}^{x} \mathrm{d}f$，累计分位点。

除此之外，我们还把归一化后的 $\bar{x}$ 的平方根 $\sqrt{\bar{x}}$ 和平方 $\bar{x}^2$ 作为网络输入，以期使网络能够更容易得到特征的次线性（sub-linear）和（super-linear）超线性函数。

最后，模型的目标是预测期望观看时长。有点击的为正样本，有 PV 无点击的为负样本，正样本需要根据观看时长进行加权。因此，训练阶段网络最后一层用的是 weighted logistic regression。

正样本的权重为观看时长 $T_i$，负样本权重为 1。这样的话，LR 的期望为：

$$\frac{T_i}{N-k} \tag{6-2}$$

其中 $N$ 是总的样本数量，$k$ 是正样本数量，$T_i$ 是第 $i$ 个正样本的观看时长。一般来说，$k$ 相对 $N$ 比较小，因此上式的期望可以转换成 $E[T]/(1+P)$，其中 $P$ 是点击率。点击率一般很小，这样目标期望接近于 $E[T]$，即期望观看时长。因此在线上 serving 的 inference 阶段，采用 $e^x$ 作为激励函数，就是近似的估计期望观看时长。

下图是离线利用 hold-out 一天数据在不同 NN 网络结构下的结果。如果用户对模型预估高分的反而没有观看，则认为是预测错误的观看时长。weighted, per-user loss 就是预测错误观看时长占总观看时长的比例。

| 隐藏层设计 | 模型损失值 |
| --- | --- |
| None | 41.6% |
| 256 ReLU | 36.9% |
| 512 ReLU | 36.7% |
| 1024 ReLU | 35.8% |
| 512 ReLU→256 ReLU | 35.2% |
| 1024 ReLU→512 ReLU | 34.7% |
| 1024 ReLU→512 ReLU→256 ReLU | 34.6% |

尝试使用不同宽度和尝试的网络预测次日观看结果，观察模型损失值。
使用3层网络，神经元数量分别为1024、512、256，效果最好。

图 6.6　不同 NN 的效果

YouTube 对网络结构中隐层的宽度和深度方面都做了测试，从下图结果看增加隐层网络宽度和深度都能提升模型效果。而对于 $1024 \rightarrow 512 \rightarrow 256$ 这个网络，测试不对预测目标（观看时长）进行归一化，loss 增加了 0.2%。而如果把 weighted LR 替换成 LR，效果下降达到 4.1%。

# 6.2  基于 DeepFM 的推荐算法

除了 Deep&Wide 模型，DeepFM 也是一个被广泛应用在点击率预测中的深度学习模型，该模型的设计思路来自哈工大 &华为诺亚方舟实验室，主要关注如何学习 user behavior 背后的组合特征（feature interactions），从而最大化推荐系统的 CTR。论文提出构建一个端到端的可以同时突出低阶和高阶 feature interactions 的学习模型 DeepFM。

DeepFM 是一个集成了 FM（Factorization Machine）和 DNN 的神经网络框架，思路和上文提到的 Wide&Deep 有相似的地方。本节将具体介绍该模型的原理、网络结构设计方法以及其与 Wide&Deep 模型的比较。

我们都知道 Logistic Regression 是 CTR 预估中最常用的算法。但 LR 有一个大前提，即假设特征之间是相互独立的，没有考虑特征之间的相互关系。换句话说，LR 在模型侧忽略了 feature pair 等高阶信息。比如，在一些场景下，我们发现用户年龄和性别是十分重要的特征，但 LR 只能单独处理这 2 个特征，比如女性比男性点击率高，年纪越小点击率越高。如果需要得到 20~30 岁的女性，15~20 岁男性点击率高这样更精确的组合特征，需要人工对两个特征进行交叉。两个特征尚能做人工的交叉，但几十维的特征两两交叉起来，特征工程将会十分巨大。所以 FM 算法在 CTR 预估中才会比较重要。FM 简要思路参考：

假设 LR 算法决定追加考虑任意两个特征之间的关系，则模型改写成：

$$\theta(x) = w_0 + \sum_{i=1}^{n} w_i x_i + \sum_{i=1}^{n-1} \sum_{j=i+1}^{n} w_{ij} x_i x_j \tag{6-3}$$

其中 $w_{ij}$ 是 feature pair$<x_i, x_j>$ 的交叉权重。相对于 LR 模型，式 6-3 会有如下问题。

1）参数空间大幅增加，由线性增加至平方级。

2）样本比较稀疏。

因此，我们需要一种在模型侧计算高阶信息的低复杂度方法。FM 就是其中一种方法，它把 $w_{ij}$ 分解成 2 个向量 $<v_i, v_j>$：

$$\theta(x) = w_0 + \sum_{i=1}^{n} w_i x_i + \sum_{i=1}^{n-1}\sum_{j=i+1}^{n} <v_i, v_j> x_i x_j \tag{6-4}$$

直观来看，FM 认为当一个特征 $w_i$ 需要与其他特征 $w_j$ 考虑组合特性的时候，只需要一组 k 维向量 $v_i$ 即可代表 $x_i$，而不需针对所有特征分别计算出不同的组合参数 $w_{ij}$。这相当于将特征映射到一个 k 维空间，用向量关系表示特征关系。这种思想与前面我们介绍的矩阵分解（SVD）的思想是一致的。

单独使用 FM 算法考虑到了低阶特征的组合问题，但是无法解决高阶特征的挖掘问题，所以才有引入 DeepFM 的必要性。

DeepFM 是一个集成了 FM 和 DNN 的神经网络框架，思路和 Google 的 Wide&Deep 有相似的地方，都包括 wide 和 deep 两部分。W&D 模型的 wide 部分是高维线性模型，DeepFM 的 wide 部分则是 FM 模型；两者的 deep 部分是一致的，都是 DNN 层。

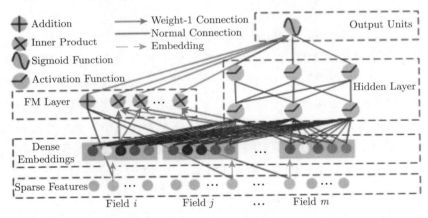

图 6.7 DeepFM 模型结构（网络左边为 FM 层，右边为 DNN 层）

W&D 模型的输入向量维度很大，因为 wide 部分的特征包括了手工提取的 pair-wise 特征组合，大大提高计算复杂度。和 W&D 模型相比，DeepFM 的 wide 和 deep 部分共享相同的输入，可以提高训练效率，不需要额外的特征工程，用 FM 建模低阶的特征组合，用 DNN 建模高阶的特征组合，因此可以同时从 raw feature 中学习到高阶和低阶的特征交互。在真实应用市场的数据集上实验验证，DeepFM 在 CTR 预估的计算效率和 AUC、LogLoss 上超越了现有的模型（LR、FM、FNN、PNN、W&D）。

前面介绍了 DeepFM 算法的基本原理，下面将具体介绍如何用 tensorflow 搭建 DeepFM。

1）实现 FM 中的一阶部分：

FM 中一阶部分和 LR 模型类似，主要是将特征分别乘上对应的系数：

$$\phi(x) = w_0 + \boxed{\sum_{i=1}^{n} w_i x_i} + \sum_{i=1}^{n}\sum_{j=1+1}^{n} w_{ij} x_i x_j$$

对应下面网络图中框出的部分：

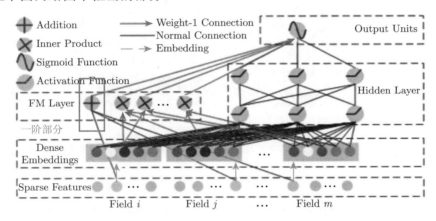

图 6.8　FM 一阶部分

网络结构代码实现：

```
# ---------- first order term ----------
        ##初始化wij
        feature_bias = tf.Variable(tf.random_uniform([feature_size, 1],
            0.0, 1.0), name="feature_bias_0")  # feature_size * 1
        y_first_order = feature_bias
        ## wij * xij
        y_first_order = tf.reduce_sum(tf.multiply(y_first_order,
            feat_value), 2)  # None * F
        ##增加,dropout防止过拟合
        y_first_order = tf.nn.dropout(y_first_order, dropout_keep_fm[0])
        # None * F
```

2）实现 FM 中的二阶部分：

FM 中的二阶部分，主要是对 $x_i$ 和 $x_j$ 两两组合，并且找到它们分别对应的特征向量。

$$\phi(x) = w_0 + \sum_{i=1}^{n} w_i x_i + \boxed{\sum_{i=1}^{n} \sum_{j=i+1}^{n} <v_i, v_j> x_i x_j}$$

对应下面网络图中框出的部分：

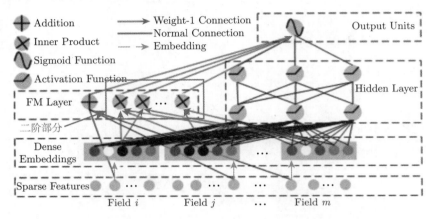

图 6.9　FM 二阶部分

为了更方便实现二阶部分，我们进一步进行推导：最后转化为和平方与平方和两部分；

$$\sum_{i=1}^{n} \sum_{j=i+1}^{n} (v_i, v_j) x_i x_j$$

$$= \frac{1}{2} \sum_{i=1}^{n} \sum_{j=1}^{n} (v_i, v_j) x_i x_j - \frac{1}{2} \sum_{i=1}^{n} (v_i, v_j) x_i x_j$$

$$= \frac{1}{2} \left( \sum_{i=1}^{n} \sum_{j=1}^{n} \sum_{f=1}^{k} v_{i,f} v_{j,f} x_i x_j - \sum_{i=1}^{n} \sum_{f=1}^{k} v_{i,f} v_{i,f} x_i x_i \right)$$

$$= \frac{1}{2} \sum_{f=1}^{k} \left( \left( \sum_{i=1}^{n} v_{i,f} x_i \right) \cdot \left( \sum_{j=1}^{n} v_{j,f} x_j \right) - \sum_{i=1}^{n} v_{i,f}^2 x_i^2 \right)$$

$$= \frac{1}{2} \left( \underbrace{\left( \sum_{i=1}^{n} v_{i,f} x_i \right)^2}_{\text{和平方}} - \underbrace{\sum_{i=1}^{n} v_{i,f}^2 x_i^2}_{\text{平方和}} \right)$$

网络结构代码实现：

```
# ---------- first order term ----------
    # ---------- second order term --------------
    #vi*xi
    embeddings = tf.multiply(embeddings, feat_value)
    #和平方
    summed_features_emb = tf.reduce_sum(embeddings, 1)  # None * K
    summed_features_emb_square = tf.square(summed_features_emb)  #
        None * K

    #平方和
    squared_features_emb = tf.square(embeddings)
    squared_sum_features_emb = tf.reduce_sum(squared_features_emb,
        1)  # None * K

    #和平方与平方和按公式组合
    y_second_order = 0.5 * tf.subtract(summed_features_emb_square,
        squared_sum_features_emb)  # None * K
    y_second_order = tf.nn.dropout(y_second_order,
        dropout_keep_fm[1])  # None * K
```

3) 实现 DNN：

传统的多层感知机，增加 dropout 防止过拟合。

```
with tf.name_scope("deep"):

    # ---------- Deep component ----------
    y_deep = tf.reshape(embeddings, shape=[-1,
        feature_size*embedding_size]) # None * (F*K)
    y_deep = tf.nn.dropout(y_deep, dropout_keep_deep[0])

    weights = dict()
    ##初始化各层的权重
    input_size = feature_size * embedding_size
    glorot = np.sqrt(2.0 / (input_size + deep_layers[0]))
    weights["layer_0"] = tf.Variable(
        np.random.normal(loc=0, scale=glorot, size=(input_size,
            deep_layers[0])), dtype=np.float32, name="weights_layer0")
    weights["bias_0"] = tf.Variable(np.random.normal(loc=0,
```

```
            scale=glorot, size=(1, deep_layers[0])),
                                   dtype=np.float32,name="weights_
                                       bias0")


    num_layer = len(deep_layers)
    for i in range(1, num_layer):
        glorot = np.sqrt(2.0 / (deep_layers[i-1] + deep_layers[i]))
        weights["layer_%d" % i] = tf.Variable(
            np.random.normal(loc=0, scale=glorot,
                size=(deep_layers[i-1], deep_layers[i])),
            dtype=np.float32 ,name="weights_layer"+str(i))   #
                layers[i-1] * layers[i]
        weights["bias_%d" % i] = tf.Variable(
            np.random.normal(loc=0, scale=glorot, size=(1,
                deep_layers[i])),
            dtype=np.float32 ,name="weights_bias"+str(i))   # 1 *
                layer[i]
    ##对dnn的各层进行连接
    for i in range(0, len(deep_layers)):
        y_deep = tf.add(tf.matmul(y_deep, weights["layer_%d" %i]),
            weights["bias_%d"%i]) # None * layer[i] * 1
            #if self.batch_norm:
            #   self.y_deep = self.batch_norm_layer(self.y_deep,
                train_phase=self.train_phase, scope_bn="bn_%d" %i) #
                None * layer[i] * 1
        y_deep = tf.nn.relu(y_deep)
        y_deep = tf.nn.dropout(y_deep, dropout_keep_deep[1+i]) #
            dropout at each Deep layer
```

这里对权重初始化使用了 glorot，根据输入与输出层的神经元个数进行分布初始化，减少梯度爆炸和梯度弥散的风险。

4）DNN+FM 融合

将两者的输出进行连接，并线性组合起来，通过 sigmoid 函数转换成最后的得分。

如果是 DEEP 与 FM 融合，则将 2 个部分的输出进行 concat，如果只是单一的 DNN 或者 FM 则只使用一部分的输出。代码中由 MODETYPE 控制网络类型。

```
# ---------- DeepFM ----------
with tf.name_scope("deepfm"):
    concat_input = tf.concat([y_first_order, y_second_order, y_deep],
        axis=1)
    if MODETYPE==0: # # deepfm
        concat_input = tf.concat([y_first_order, y_second_order, y_deep
            ], axis=1)
        input_size = feature_size + embedding_size + deep_layers[-1]
    elif MODETYPE==1: # # fm only
        concat_input = tf.concat([y_first_order, y_second_order], axis=1)
        input_size = feature_size + embedding_size
    elif MODETYPE==2: # # dnn only
        concat_input = y_deep
        input_size =  deep_layers[-1]

    glorot = np.sqrt(2.0 / (input_size + 1))
    weights["concat_projection"] =
        tf.Variable(np.random.normal(loc=0, scale=glorot,
        size=(input_size, 1)),
                dtype=np.float32 ,name="concat_projection0")  #
                    layers[i-1]*layers[i]
    weights["concat_bias"] = tf.Variable(tf.constant(0.01),
        dtype=np.float32 ,name="concat_bias0")
    out = tf.add(tf.matmul(concat_input,
        weights["concat_projection"]),
        weights["concat_bias"],name='out')

score=tf.nn.sigmoid(out,name='score')
# # 观看变量
tf.summary.histogram("deep+fm"+"/score",score)
```

5) 评估器的设计

自定义损失函数，常用的损失函数最小平方误差准则（MSE）和交叉熵等。同时我们可以利用 TensorBoard 观测模型 AUC 等指标的变化情况：

```
if args.model_type==0:
    estimate_name="DeepFm_Estimate"
```

```
elif args.model_type==1:
    estimate_name="Fm_Estimate"
elif args.model_type==2:
    estimate_name="Deep_Estimate"


with tf.name_scope(estimate_name):
    #损失函数的定义: 均方差
    loss = tf.reduce_mean(tf.reduce_sum(tf.square(y - prediction),
        reduction_indices=[1]))
    观看常量
    tf.summary.scalar('loss',loss)

    auc = tf.contrib.metrics.streaming_auc(prediction,tf.convert_to_tensor
        (y))
    ##观看常量
    tf.summary.scalar('auc1',auc[0])
    tf.summary.scalar('auc2',auc[1])
```

6) 通过 TensorBoard 观察模型各项指标:

在前面的模型结构构建过程中,我们已经在 tf.summary 中增加 score、loss、auc 的监控。在训练迭代过程中,我们注意将每次的中间结果 merge 进去,即可在 TensorBoard 中观察收敛过程。

```
with tf.Session() as sess:
    saver = tf.train.Saver()
    sess.run(init)
    sess.run(tf.local_variables_initializer())
    #合并到Summary中
    merged = tf.summary.merge_all()
    #选定可视化存储目录
    writer = tf.summary.FileWriter('./tmp/deepfm',graph=tf.get_default_
        graph())


    for _ in range(400):
        sess.run(train_step, feed_dict={x: x_data, y: y_data})
        if _ % 5 == 0:
            #print(str(_)+": loss=")
```

```
print("[%d]loss:%s"%(_,sess.run(loss, feed_dict={x: x_data, y:
    y_data})))
result = sess.run(merged,feed_dict={x: x_data, y: y_data})
    #merged也是需要run的
writer.add_summary(result,_)
    #result是summary类型的，需要放入writer中，i步数(x轴)
```

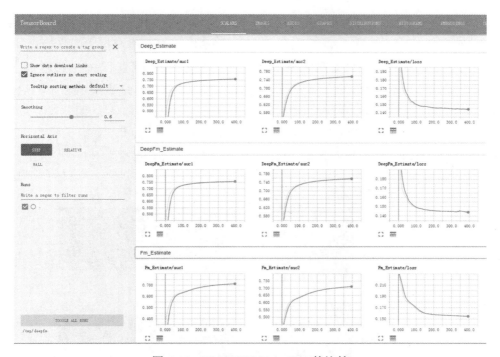

图 6.10　FM/DNN/DeepFM 的比较

loss 和 auc 的变化：可以看到 DeepFM 比 FM 有显著提升，对比 DNN 也有一定幅度提升。使用相同的样本数据训练，在测试集上 DNN 的 AUC 为 0.73，DeepFM 的 AUC 为 0.75，FM 的 AUC 为 0.70（特征工程仍然是最重要的，特征越多，差异越明显）

# 6.3　基于矩阵分解和图像特征的推荐算法

传统的推荐系统往往会遇到行为数据稀疏、冷启动等问题，比如在 Netflix 数据库，平均每个用户只参与 200 个电影的评分，但实际上，数据库里有上万部电影，稀疏的评分数据不利于模型的学习。因此，寻找一些附加信息帮助模型训练是非常有用的手段。

近年来，基于上下文环境的推荐系统引起了大家的广泛关注。这些上下文环境包括电影的属性、用户画像特征、电影的评论等等。研究人员希望通过这些附加信息来缓解评分数据稀疏等问题，对于那些没有评分数据的电影，可以基于上下文环境来推荐，从而进一步提升推荐系统的质量。

研究人员观察到一个有趣的现象，电影的海报和一些静止帧图片能提供许多有价值的附加信息。如图 6.11，作者展示了两部电影，每部电影有一张海报和两张静止帧图片。虽然这两部电影有着不同风格和完全不同的演员阵容，但从调查研究中发现，喜欢电影 1 的用户也会对电影 2 感兴趣。实际上，电影 2 的拍摄和制作是受到电影 1 的启发，从视觉角度出发，两部电影的海报和静止帧图片有一定程度的相似性。因此，研究人员认为应该把视觉特征作为附加信息用于提升推荐系统的质量。为此，作者们提出了一种基于矩阵分解和图像特征的推荐算法（Matrix Factorization+，缩写为 MF+）。

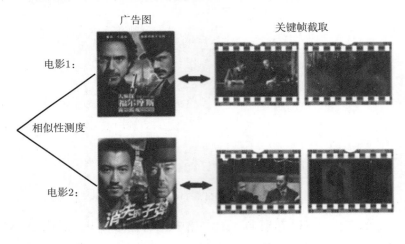

图 6.11　电影静止帧图片举例

具体来说，假定有稀疏偏好矩阵 $\boldsymbol{X} \in \mathbb{R}^{m \times n}$，其中 $m$ 代表用户的数量，$n$ 代表商品的数量。矩阵 $\boldsymbol{X}$ 里的每个元素 $x_{uv}$ 代表用户 $u$ 对商品 $v$ 的偏好。如果用户 $u$ 对商品 $v$ 没有点评，那么 $x_{uv} = 0$。$\boldsymbol{I}$ 是所有能观察到的 $(u,v)$ 集合。在基于评分的推荐系统里，偏好定义成离散的数值 $[1, 2, \cdots, 5]$，分数越高代表偏好越强。我们用 $\mathcal{X}_v$ 表示电影 $v$ 的海报，用 $\psi_v$ 代表多张静止帧图片。模型的目标是基于用户 $u$ 的历史评分数据预测用户 $u$ 对电

影 $v$ 的偏好 $\hat{x}_{uv}$，可以写成：

$$\hat{x}_{uv} = \mu + b_u + b_v + \boldsymbol{U}_{*u}^{\mathrm{T}}(\boldsymbol{V}_{*v} + \eta) \tag{6-5}$$

其中，$\boldsymbol{U}_{*u}$ 是用户 $u$ 的偏好向量，$\boldsymbol{V}_{*v}$ 是电影 $v$ 的偏好向量，$\mu$ 是总评分偏置项，$b_u$ 和 $b_v$ 分别是用户 $u$ 和电影 $v$ 的偏置项。$\eta$ 是电影的视觉特征，可以写成：

$$\eta = \frac{\|N(\theta,v)\|^{-\frac{1}{2}} \sum_{s \in N(\theta,v)} \theta_{sv} \hat{\mathcal{X}}_s}{\phi(v)} \tag{6-6}$$

其中，$\theta_{sv}$ 表示电影 $v$ 和 $s$ 的相似度，$N(\theta,v)$ 表示相似度大于 $\theta$ 的电影集合，$\varphi(v)$ 是缩放因子，表示海报和静止帧图片的一致性。$\hat{\mathcal{X}}_s$ 表示海报和多张静止图片的组合，可以写成：

$$\hat{\mathcal{X}}_s = (\mathcal{X}_s, \psi_s) \tag{6-7}$$

其中，$\mathcal{X}_v$ 表示电影 $v$ 的海报，$\psi_v$ 表示多张静止帧图片，并通过下列模型提取图像特征。

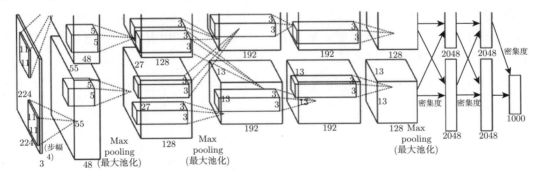

图 6.12　Alex-Net 卷积网络

公式（6-5）里的参数，可以通过优化下面的目标函数求出：

$$\min_{b_*, W_*, \theta_*, \boldsymbol{U}_*, \boldsymbol{V}_*} \sum_{(u,v)} \left( \lambda_1 b_u^2 + \lambda_2 W_{*v}^2 + \lambda_3 \|\boldsymbol{U}_{*u}\|^2 + \lambda_4 \|\boldsymbol{V}_{*v}\|^2 + \lambda_5 \theta_{sv}^2 \right.$$
$$\left. + (x_{uv} - \mu - b_u - W_{*v}^{\mathrm{T}} \psi_v - \boldsymbol{U}_{*u}^{\mathrm{T}}(\boldsymbol{V}_{*v} + \eta))^2 \right) \tag{6-8}$$

为了简化符号，定义 $e_{uv} = x_{uv} - \hat{x}_{uv}$。对于每个用户和电影对 $(u,v)$，参数可以通过下面公式来更新：

$$b_u = b_u + \lambda_1(e_{uv} - \lambda_1 b_u)$$

$$W_{*v} = W_{*v} + \lambda_2(e_{uv}\psi_v - \lambda_2 W_{*v})$$

$$\boldsymbol{U}_{*u} = \boldsymbol{U}_{*u} + \lambda_3(e_{uv}(\boldsymbol{V}_{*v} + \eta) - \lambda_3 \boldsymbol{U}_{*u})$$

$$\boldsymbol{V}_{*v} = \boldsymbol{V}_{*v} + \lambda_4(e_{uv}\boldsymbol{U}_{*u} - \lambda_4 \boldsymbol{V}_{*V})$$

$$\forall s \in N(\theta, v):$$

$$\theta_{sv} = \theta_{sv} + \lambda_5(e_{uv}\boldsymbol{U}_{*u}|N(\theta,v)|^{-\frac{1}{2}}\hat{\mathcal{X}}_s - \lambda_5\theta_{sv})$$

(6-9)

其中，$\{\lambda_1, \cdots, \lambda_5\}$ 是优化算法的学习步长。

# 6.4　基于循环网络的推荐算法

传统的推荐系统，比如基于协同过滤的推荐算法等，都假设用户偏好和电影属性是静态的，但本质上，它们是随着时间的推移而缓慢变化的。例如，一部电影的受欢迎程度可能由外部事件（如获得奥斯卡奖）所改变或者用户的兴趣随年龄的增长而改变，在传统的算法系统中，这些问题经常被大家忽视。如图 6.13 所示，左图是与时间无关的推荐系统，用户偏好和电影属性都是静态的，评分数据来自分布 $p(r_{ij}|u_i, m_j)$。相反，右边是与时间有关的推荐系统，用户和电影都采用马尔科夫链建模，评分数据来自分布 $p(r_{ij|t}|u_{i|t}, m_{j|t})$。

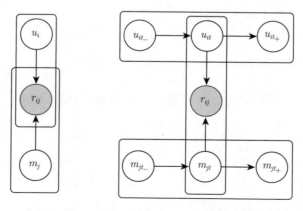

图 6.13　左图：时间无关的推荐系统。右图：时间相关的推荐系统

除了时序问题，很多传统的推荐算法使用未来的评分数据来预测当前的电影偏好。譬如，过去非常著名的 Netflix 竞赛，也有类似问题，他们并没有按照时间来划分训练和测试集，而是把数据集随机打乱，用插值的方法来预测评分。在一定程度上，它们都违背了统计分析中的因果关系，因此那些研究成果很难应用到实际场景中。

通常有许多方法可以解决时序和因果问题，例如，马尔科夫链模型、指数平滑模型等方法。马尔科夫链通常采用消息传递或者粒子滤波的方式求解，比如基于时序的蒙特卡洛采样方法等，这些方法只能求出近似解，也不适合用于海量数据集。

进一步，数据科学家提出基于循环神经网络分别对用户和电影的时序性建模，该方法也满足统计分析中的因果关系，根据历史的评分数据预测将来的用户偏好。如图 6.14 所示，通过两个循环神经网络分别对用户和电影的时序性建模，用户的隐藏状态依赖于用户在当前时刻对电影的评分 $y_{i,t-1}$ 和前一时刻用户的状态，电影的隐藏状态依赖于当前时刻其他用户对这部电影的评分 $y_{j,t-1}$ 以及前一时刻电影的状态。此外，该模型还结合了通过矩阵分解得到的用户和电影的静态属性 $u_i$ 和 $m_j$。

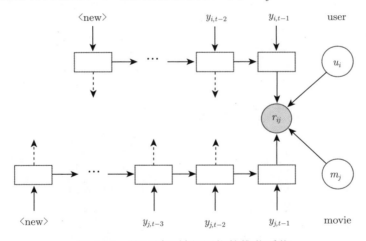

图 6.14　基于循环神经网络的推荐系统

具体来说，假定 $u_{it}$ 和 $m_{jt}$ 分别代表用户 $i$、电影 $j$ 在第 $t$ 时刻的隐藏状态。那么用户 $i$ 在第 $t$ 时刻对电影 $m$ 的评分可以写成：

$$\hat{r}_{ijt} = f(u_{it}, m_{jt}, u_i, m_j) = <\hat{u}_{it}, \hat{m}_{jt}> + <u_i, m_j> \tag{6-10}$$

其中，$\hat{u}_{it}$ 和 $\hat{m}_{jt}$ 可以当成 $u_{it}$ 和 $m_{jt}$ 的仿射变换，可以写成：

$$\hat{u}_{it} = W_{\mathrm{usr}} u_{it} + b_{\mathrm{usr}}, \quad \hat{m}_{jt} = W_{\mathrm{mov}} m_{jt} + b_{\mathrm{mov}} \tag{6-11}$$

其中，$u_{it}$ 和 $m_{jt}$ 表示用户 $i$、电影 $j$ 在第 $t$ 时刻的隐藏状态，通过长短时记忆网络（LSTM）建模：

$$u_{it} = \mathrm{LSTM}(u_{i,t-1}, y_{it})$$
$$m_{jt} = \mathrm{LSTM}(m_{j,t-1}, y_{jt}) \tag{6-12}$$

其中，$y_{it}$ 和 $y_{jt}$ 分别代表用户 $i$ 和电影 $j$ 在第 $t$ 时刻的输入，可以写成：

$$y_{it} = W_a[x_{it}, 1_{\text{new-usr}}, \tau_t, \tau_{t-1}] \tag{6-13}$$

其中，$1_{\text{new-usr}} = 1$ 和 $1_{\text{new-mov}} = 1$ 分别代表新用户和新电影，$\tau_t$ 代表第 $t$ 时刻的时钟，$W_a$ 和 $W_b$ 分别是用户和电影的参数投影矩阵，$x_{it} \in \mathbb{R}^V$ 表示用户 $i$ 在第 $t$ 时刻看过电影的评分，$V$ 是电影数量。$x_{jt} \in \mathbb{R}^U$ 表示在第 $t$ 时刻所有用户对电影 $j$ 的评分，$U$ 是用户数量。

模型参数可以通过优化下面的目标函数求出：

$$\min_{\theta} \sum_{(i,j,t)} (r_{ijt} - \hat{r}_{ijt})^2 + R(\theta) \tag{6-14}$$

其中，$R(\theta)$ 表示模型的正则化项。

## 6.5　基于生成对抗网络的推荐算法

　　迄今为之 GAN 在推荐上的应用还是屈指可数，因为 GAN 网络本身的对抗设计比较有技巧性，训练的稳定性不高，目前在推荐系统上的实用性还不强。但是长远来看，GAN 网络在推荐系统中应该还是有巨大的潜力的，有很多"坑"等着学术界和工业界去填平。这里介绍在 SIGIR 2017 的高分论文 IRGAN 的工作，该论文获得了 2017 年的最佳论文提名奖，也是早期 GAN 在推荐系统应用的论文。GAN 原本应用在信息搜索任务上，推荐系统被当成是排序任务中的一种，这里我们只重点介绍 GAN 在推荐系统上的应用。需要提及的一点是，这里的 IRGAN 不应该被认为是推荐场景中 GAN 应用的标准范式，它仅仅提供一种思路更好地去拓展 GAN 在推荐系统中的应用。它是一个初步的尝试，而不应作为范例而限制大家的思路。

　　在 IRGAN 的设计中，生成器和判别器都被理解成是一个 rank 模型，他们的实现可以是任何传统的或者基于深度学习的打分模型。任务将用户商品的购买记录分成测试集和训练集，对于给定用户，rank 模型根据训练集历史交互记录以及用户/商品本身的特征对所有商品打分，根据分数排序来挑选适合用户的商品。如果推荐的商品在测试集中确实被用户购买，那么用户与该商品被认为一个正例，否则是一个负例。

但是生成器和判别器的目标不相同，对于给定的一个用户，生成器负责在待排序的候选池（通常是除掉正例之后的所有样本，包含负例，还有在半监督任务中未被标注的正例）中将潜在高质量的商品挑选出来，用以混淆当前的判别器。因为此处推荐的商品是一个离散的样本，论文中通过 policy gradient 的方式来将判别器的奖励和惩罚信号传递给生成器。挑选出来的高质量商品，可能是高仿正例的负例，也可能是未被标注的正例。判别器的目标就是为了区分真实正例和生成器推荐的商品。

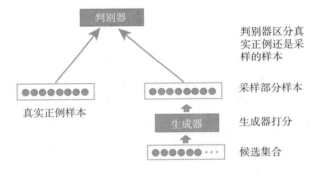

图 6.15　判别器

传统的 GAN 仅仅利用生成器的效果，判别器只是一个附属产物，与之不同的是，IRGAN 的生成器和判别器作为两个独立的打分模型，都可以有实用目的。因为两者的优化目标是相左的，意即生成器如果能够完全骗过判别器，那么生成器的预测结果完全拟合了从数据特征本身就可以得到该商品是否为相应用户所喜欢；另一种可能就是判别器基本能够完全理解理解正例和生成器生成的商品之间的差异。我们来分析这两种结果。在 IRGAN 的设计中，生成器和判别器是一个零和博弈问题，优化目标是相反的，所以是一个此消彼长的过程。对于生成器而言，它会尽力去拟合正例的生成分布，如果在一个半监督的场景下，样本有很多虽然是正例，但是未被标注，淹没在"负例"候选池当中，这样生成器很大可能就从候选"负例"池中找到了一些潜在的正例，真实的正例和潜在未被标注的正例一起喂给判别器，那么判别器很难学习到正负例之间的差异，最后产生接近于瞎猜的结果。

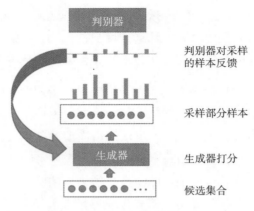

图 6.16　生成器

如果当前的推荐任务是一个监督任务，而不是一个半监督的任务，即所有的正例都已经被标注，不存在未被模型感知的正例样本，那么生成器的候选集合只会有负例，喂给判别器与它基本无法混淆，判别器一直是在正确学习一个正例和负例的差异，那么判别器一般来说会表现很好。每次会喂给当前模型更难判别的歧义样本，额外地增加当前分得不好的负例给判别器，类似于常用的集成学习 boost 的思路，给分得不好的样本以更大的权重。如果我们的判别器和生成器是相同的模型，让其参数都是共享的，就直接可以退化成一个 Dynamic Negative Sample 的经典 trick[1]。

我们将这个任务用一个形象的例子来说明它在半监督任务中的潜力。如图 6.17 所示是一个判别器的打分分布图，横坐标随机分布一些样本（观察到的正例，以及未被标注的数据，其可能是未被标注的正例，也可以是负例），纵坐标是判别器的打分。两个任务分别是，判别器要把观察到的正例和其他样本分离开，生成器采样生成部分数据获得判别器的奖励或者惩罚（如果采样全部数据的效率会很低），生成器采样的数据在图中的标记为"Obsered positive samples（观察到的正例）。判别器会尽量把观察到的正例往上提，且把其他的样本（未观察的正例和负例）往下按，在往上提和往下按的同时也会影响到其他样本的打分。一般来说，判别器没有差别地把未观察到到正例和负例一起往下按，但是与此同时也会将正例往上提，由于观察到的正例和未观察到正例有相似的特征和表示，因此会有更多的协同性，所以在向上提的过程中一些未观察到的正例也会跟着正例一起获得更高的得分。对于生成器而言，生成器会更具生成的过的得分采样出一个

---

[1] Optimizing top-n collaborative filtering via dynamic negative item sampling. SIGIR 2013(pp. 785-788). ACM.

小集合，根据小集合里的样本来得到判别器奖励。一般来说，生成器会把高分负例往上提以获得更高的判别器奖励。如图 6.17 所示，生成的四个样本，在判别器中的得分越高，则会得高更好的奖励。最后，希望生成器可以通过打分模型（生成）采样所有高分的样本，这样的打分模型会较好地拟合一个半监督的正例分布。

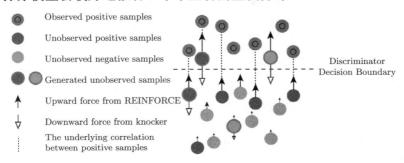

图 6.17　IRGAN 说明

## 6.5.1　IRGAN 的代码实现

为了简单地表现模型的对抗，IRGAN 的生成器和判别器是基于一个最简单的隐式矩阵分解模型，实际上生成器和判别器可以是任意复杂的模型。我们定义一个基类的 MF 模型如下：

```python
class MF(object):
    def __init__(self, itemNum, userNum, emb_dim, lamda, initdelta=0.05,
        learning_rate=0.05):
        with tf.variable_scope('generator'):
            self.user_embeddings = tf.Variable(
                tf.random_uniform([userNum, emb_dim], minval=-initdelta,
                    maxval=initdelta,
                                dtype=tf.float32))
            self.item_embeddings = tf.Variable(
                tf.random_uniform([itemNum, emb_dim], minval=-initdelta,
                    maxval=initdelta,
                                dtype=tf.float32))
            self.item_bias = tf.Variable(tf.zeros([itemNum]))

        self.params = [self.user_embeddings, self.item_embeddings, self.item_
```

```
                bias]

        self.u = tf.placeholder(tf.int32)
        self.i = tf.placeholder(tf.int32)
        self.reward = tf.placeholder(tf.float32)

        self.u_embedding = tf.nn.embedding_lookup(self.user_embeddings, self.
            u)
        self.i_embedding = tf.nn.embedding_lookup(self.item_embeddings, self.
            i)
        self.i_bias = tf.gather(self.item_bias, self.i)

        self.optimizer = tf.train.GradientDescentOptimizer(learning_rate)
```

用户和商品都嵌入到一个相同维度的隐式空间。

然后我们分别定义生成器和判别器，判别器定义如下：

```
    def __init__(self, itemNum, userNum, emb_dim, lamda, initdelta=0.05,
        learning_rate=0.05):
        super(DIS, self).__init__(itemNum, userNum, emb_dim, lamda, initdelta
            =0.05, learning_rate=0.05)

        self.label = tf.placeholder(tf.float32)

        self.pre_logits = tf.reduce_sum(tf.multiply(self.u_embedding, self.i_
            embedding), 1) + self.i_bias
        self.loss =
          tf.nn.sigmoid_cross_entropy_with_logits(labels=self.label,
                                                logits=self.pre_logits) +
                                                        lamda * (
              tf.nn.l2_loss(self.u_embedding) + tf.nn.l2_loss(self.i_embedding)
                  + tf.nn.l2_loss(self.i_bias)
        )

        self.update = self.optimizer.minimize(self.loss, var_list=self.params
            )
```

```
        self.reward_logits = tf.reduce_sum(tf.multiply(self.u_embedding, self
            .i_embedding),
                                                1) + self.i_bias
        self.reward = 2 * (tf.sigmoid(self.reward_logits) - 0.5)

        # for test stage, self.u: [batch_size]
        self.all_rating = tf.matmul(self.u_embedding, self.item_embeddings,
            transpose_a=False,
                                        transpose_b=True) + self.item_bias
```

除去正常的二分类，判别器还需对生成器生成的商品提供奖励。

生成器是一个生成模型，不直接需要真实的数据标签，会通过判别器的奖励来指导自己生成的过程。

```
class GEN(MF):
    def __init__(self, itemNum, userNum, emb_dim, lamda,  initdelta=0.05,
        learning_rate=0.05):
        super(GEN, self).__init__(itemNum, userNum, emb_dim, lamda,
            initdelta=0.05, learning_rate=0.05)


        self.all_logits = tf.reduce_sum(tf.multiply(self.u_embedding, self.
            item_embeddings), 1) + self.item_bias
        self.i_prob = tf.gather(
            tf.reshape(tf.nn.softmax(tf.reshape(self.all_logits, [1, -1]))
                , [-1]),
            self.i)
        self.loss = -tf.reduce_mean(tf.log(self.i_prob) * self.reward) +
            lamda * (
            tf.nn.l2_loss(self.u_embedding) + tf.nn.l2_loss(self.i_embedding)
                + tf.nn.l2_loss(self.i_bias))
        self.update=self.optimizer.minimize(self.loss, var_list=self.params)


        # for test stage, self.u: [batch_size]
        self.all_rating = tf.matmul(self.u_embedding, self.item_embeddings,
            transpose_a=False,
                                        transpose_b=True) + self.item_bias
```

迭代训练的代码如下：

```
for d_epoch in range(100):
    if d_epoch % 5 == 0:
        generate_for_d(sess1, generator, DIS_TRAIN_FILE)
        train_size = ut.file_len(DIS_TRAIN_FILE)
    input_user, input_item, input_label = ut.get_batch_data(DIS_TRAIN_FILE,
        index, BATCH_SIZE)
    _ = sess2.run(discriminator.update,
                feed_dict={discriminator.u: input_user, discriminator.i:
                    input_item,
                        discriminator.label: input_label})
for g_epoch in range(50):    # 50
    for u in user_pos_train:
        sample_lambda = 0.2
        pos = user_pos_train[u]
        rating = sess1.run(generator.all_logits, {generator.u: u})
        exp_rating = np.exp(rating)
        prob = exp_rating / np.sum(exp_rating)   # prob is generator
            distribution p_\theta
        pn = (1 - sample_lambda) * prob
        pn[pos] += sample_lambda * 1.0 / len(pos)
        # Now, pn is the Pn in importance sampling, prob is generator
            distribution p_\theta
        sample = np.random.choice(np.arange(ITEM_NUM), 2 * len(pos), p=pn)
        # Get reward and adapt it with importance sampling
        reward = sess2.run(discriminator.reward, {discriminator.u: u,
            discriminator.i: sample})

        reward = reward * prob[sample] / pn[sample]
        _ = sess1.run(generator.update,{generator.u: u, generator.i: sample,
            generator.reward: reward})
```

# 第7章
# 推荐系统架构设计

作为大数据时代最重要的几个信息系统之一，推荐系统主要有下面几个作用。第一，提升用户体验。通过个性化推荐，帮助用户快速找到感兴趣的信息。第二，提高产品销售。推荐系统帮助用户和产品建立精准连接，从而提高产品转化率。第三，发掘长尾价值。根据用户兴趣推荐，使得平时不是很热门的商品可以销售给特定的人群。第四，方便移动互联网用户交互。通过推荐，减少用户操作，主动帮助用户找到感兴趣的内容。

为了更好地服务用户，推荐系统需要从业务的目标出发，针对不同功能进行定制。本章介绍推荐系统的架构设计。首先，第 7.1 节给出一个推荐系统基本模型，在此基础上，第 7.2 节给出常见的推荐系统架构。接着，第 7.3 节列举一些常用的软件，供进行架构设计时选用。最后，第 7.4 节陈述了一些常见的问题。

## 7.1  推荐系统基本模型

从本质上来说，推荐系统是监督学习的一个应用，既然如此，它就离不开监督学习的基本模型。如图 7.1 所示，监督学习分为学习和预测两个过程。在学习过程中，学习系统利用给定的训练样本，通过训练得到一个模型，这个模型随后会被用于预测系统的预测。在预测过程中，预测系统对于给定的测试样本，由模型给出相应的预测结果。

推荐系统的目的，就是通过学习系统有效地训练模型，使得预测系统的结果贴近测试样本真实的结果。预测的内容，可以是对一条资讯、一首歌或是一个视频的喜欢程度，也可以是购买某个商品的概率。推荐系统的优化，在于通过任何有力的方法（模型、算法、数据、特征），来提高预测结果的准确度，这个系统更懂用户，给用户推荐的物品更贴近用户真实的喜好，从而提高商品销售和用户体验。

比如，图中简单的例子，学习系统的输入是 5 个不同用户的行为，对于男性用户 A，他喜欢的是《王者荣耀》这个游戏，对于女性用户 B，她喜欢的则是《奇迹暖暖》，那么对于这 5 个用户统计得到的模型是男性用户喜欢《王者荣耀》的概率是 0.67，而女性用户喜欢《奇迹暖暖》的概率是 1。有了这个简单的模型以后，如果在预测系统中有一个新的用户请求，该请求来自一个男性用户，那么按照前面的模型，会根据概率的大小，把《王者荣耀》推荐给这个用户。

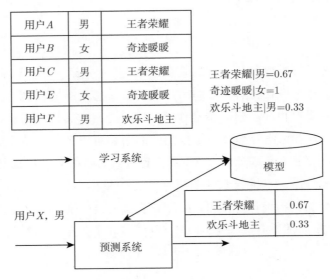

图 7.1　监督学习基本模型

在实际的推荐系统中，学习系统处理的用户数据量会更大，数据的维度也更多，用到的推荐模型也会更复杂，常用的有协同模型、内容模型和知识模型。其中，协同模型主要通过我的朋友喜欢什么来猜测我喜欢什么；内容模型则是根据物品本身来预测用户喜欢 A 所以也可能喜欢 B；知识模型则是根据用户的限定条件，按照他的需要进行推荐。

推荐系统架构设计，是在监督学习基本模型的基础上，按照业务的需要定制，将训练和预测过程中的每个步骤细化，将训练和预测过程中使用到的模型、特征、工具都实例化，从而打磨出一个适合业务需要的推荐系统。比如，在学习系统中，需要对数据进行上报、清洗、特征构造等操作，就需要有一个用于存储和处理数据的平台。取决于数据量的大小和数据类型的不同，可能需要对学习系统进行定制。在预测系统中，需要将预测请求服务化，封装成 API 供业务调用。同时，还需要保证线上服务的可靠性和可扩展性。

接下来的小节中，我们会先介绍推荐系统常用的架构，然后在了解了这些架构的基础上介绍每个模块常用的一些组件，最后介绍推荐系统的一些常见问题。

# 7.2　推荐系统常见架构

推荐系统的架构离不开实际的业务，本节介绍的几种推荐系统架构，并不是互相独立的关系，实际的推荐系统可能会用到其中一种或者几种的架构。在实际设计的过程中，读者可以把本文介绍的架构作为一个设计的起点，更多地结合自身业务特点进行独立思考，从而设计出适合自身业务的系统。

根据响应用户行为的速度不同，推荐系统可以大致分为基于离线训练和在线训练的推荐系统。根据使用的机器学习方法不同，又可以分为使用传统机器学习和使用深度学习的推荐系统。另外，由于业务的重要性，再单独介绍一个类别：面向内容的推荐系统。每一节的最后，会简单介绍一些实际系统设计中遇到的常见问题，以供设计时进行参考。

## 7.2.1　基于离线训练的推荐系统架构设计

基于离线训练的推荐系统架构是最常见的一种推荐系统架构。这里的"离线"训练指的是使用历史一段时间（比如一周或者几周）的数据进行训练，模型迭代的周期较长（一般以小时为单位）。模型拟合的是用户的中长期兴趣。代表的场景有手机应用市场、音乐推荐等。相对应地，"在线"训练指的是增量的、实时的训练，要求模型对于每个训练样本快速地响应。比如，用户当前观看了一个美食的视频并且停留了很长时间，那么下一个视频推荐系统察觉到你短期的兴趣后可以给你推荐更多相似的视频。训练数据的更新频率以秒为单位。代表场景有资讯、购物、短视频推荐等。

基于离线训练的推荐系统中使用的常用的算法有：逻辑回归（Logistic Regression），梯度提升决策树（Gradient Boosting Decison Tree）和因子分解机（Factorization Machine）等。

如图 7.2 所示，一个典型的基于离线训练的推荐系统架构由数据上报、离线训练、在线存储、实时计算和 A/B 测试这几个模块组成。其中，数据上报和离线训练组成了监督学习中的学习系统，而实时计算和 A/B 测试组成了预测系统。另外，除了模型之外，还有一个在线存储模块，用于存储模型和模型需要的特征信息供实时计算模块调用。图中的各个模块组成了训练和预测两条数据流，训练的数据流搜集业务的数据最后生成模型存储于在线存储模块；预测的数据流接受业务的预测请求，通过 A/B 测试模块访问实时计算模块获取预测结果。取决于业务的大小，一般来说训练的数据流需要处理大量的训练数据，更新的周期较长，以小时来计，所以对应的这种架构称为基于离线训练的架构；而预测的数据流一般用于互联网线上的业务，对延时的要求在几十毫秒以内，这也使得对于训练和预测两条数据流上的各个模块有不同的架构要求。下面具体看一下每个模块的作用。

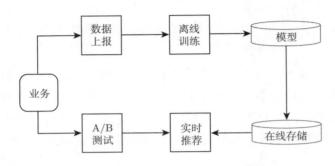

图 7.2　基于离线训练的推荐系统架构设计

**数据上报**　数据上报模块的作用是搜集业务数据组成训练样本。一般分为收集、验证、清洗和转换几个步骤。首先，需要收集来自业务的数据。业务驱动，从物品、用户、场景几个维度收集，核心数据样本要保证质量。量化一切，越细越好。其次，对上报的数据进行准确性的验证，避免上报逻辑错误、数据错位或数据缺失等问题。再次，为了保证数据的可信度，需要清理脏数据。常见的数据清洗有：空值检查、数值异常、类型异常、数据去重等。最后，通过数据转换，将收集的数据转化为训练所需的样本格式，保存到离线存储模块。数据的质量非常重要，推荐系统的预测结果是否准确，一方面取决于模型的强弱，更重要的是训练数据的质量和数量。如果数据质量不行，再好的模型也没法得到好的预测结果，所谓"垃圾进垃圾出（Garbage In Garbage Out）"。

**离线训练**　离线训练模块又细分为离线存储和离线计算。实际业务中使用的推荐系统一般都需要处理海量的用户行为数据，所以离线存储模块需要有一个分布式的文件系统或者存储平台来存储这些数据。离线计算常见的操作有：样本抽样、特征工程、模型训练、相似度计算等。

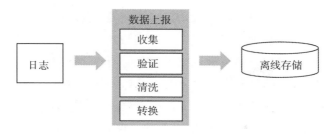

图 7.3　数据上报模块

样本抽样通过合理地设计样本，为模型训练提供高质量的输入，从而训练出一个比较理想的模型。首先，需要合理定义正负样本，实际业务中，经常会遇到正负样本不均衡的情况，一方面可以通过惩罚权重和组合等方法解决，一方面要结合业务理解，合理设计正负样本。其次，设计样本时应尽量保证用户样本数的均衡。对于恶意的刷流量、机器人用户，通过样本去重保证用户样本数的均衡。最后，适当考虑样本的多样性。通过采集和当前推荐算法独立无关的用户样本来丰富样本来源。

特征工程利用领域相关的知识，从原始数据中获取尽可能多的信息，组成特征用于提高模型训练效果。首先，特征选择通过评价函数、停止准则、验证过程等步骤，从特征集合中挑选一组最具统计意义的特征子集。其次，特征提取通过成分分析、判别分析等方法，对原始特征进行转换和组合，构建新的具有业务或统计意义的核心特征。最后，特征组合通过多模态 embedding 等方法，将来自用户、物品和背景的特征向量组合到一起，达到信息互补。

有了前两步之后，模型训练利用给定的数据集，通过训练得到一个模型，用于描述输入和输出变量之间的映射关系。实际业务中，考虑到需要处理大规模的训练集，一般会选择可以分布式训练的近似线性时间的算法。

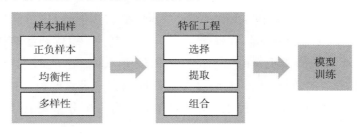

图 7.4　离线训练模块

**在线存储** 除了图 7.1，图 7.2 的推荐系统中提到的模块，还有一个在线存储的模块，这是因为线上的服务对于时延都有严格的要求。比如，某个用户打开手机 APP，他肯定希望 APP 能够快速响应，如果耗时过长，就会影响用户的体验。一般来说，这就要求推荐系统在几十毫秒以内处理完用户请求返回推荐结果，所以，针对线上的服务，需要有一个专门的在线存储模块，负责存储用于线上的模型和特征数据。一般来说，在线存储模块需要使用本机内存或者分布式内存。为了在线存储能够尽可能地快，在开源软件的基础上，还可以进行一些定制，比如，采用缓存策略、增量策略、延迟过期策略，使用固态硬盘（Solid State Drives）等。

图 7.5　推荐系统中的存储分层

**实时推荐**　实时推荐模块的功能是对来自业务的新请求进行预测。比如，用户打开手机应用市场 APP，APP 后台会发送一个请求给服务器，服务器收到请求后根据用户以前在应用市场的历史行为猜测其喜好，然后返回一个推荐的应用列表给手机 APP，再在 APP 界面呈现给用户。这个过程中，实时计算模块需要进行以下计算：（1）获取用户特征，系统根据请求中的用户 ID，从在线存储模块中读取用户的画像以及历史行为，构建出该用户的模型特征；（2）调用推荐模型，结合用户特征调用推荐系统的算法模型，得到用户对某个 APP 候选池中每个物品的喜好概率；（3）结果排序，对候选池的打分结果进行排序，然后返回结果列表给手机 APP。从前面的例子中可以看出，实时计算模块需要从在线存储模块读取很多的数据，同时需要在很短时间内完成大量的模型打分工作，所以对于该模块有很高的性能要求。一般来说，该模块需要有一个分布式的计算框架来完成计算任务。

在实际应用中，因为业务的物品列表太大，如果实时计算对每一个物品使用复杂的模型进行打分，就有可能耗时过长而影响用户满意度。所以，一种常见的做法是将推荐列表生成分为召回和排序两步。召回的作用是从大量的候选物品中（例如上百万）筛选出一批用户较可能喜欢的候选集（一般是几百）。排序的作用是对召回得到的相对较小的候选集使用排序模型进行打分。更进一步，在排序得到推荐列表后，为了多样性和运营的一些考虑，还会加上第三步 —— 重排过滤，用于对精排后的推荐列表进行处理。重排过滤步骤会给用户提供一些探索性的内容，避免用户在平台上看到的内容过于同质化而失去兴趣，同时过滤掉低俗和违法的内容，保持一个良好的平台环境。常见的架构如图 7.6 所示。

图 7.6　在线预测的几个阶段

**A/B 测试**　对于互联网产品来说，A/B 测试基本上是一个必备的模块，对于推荐系统来说也不例外，它可以帮助开发人员评估新算法对客户行为的影响。除了离线的指标外，一个新的推荐算法上线之前一般都会经过 A/B 测试来测试新算法的有效性。在 A/B 测试模块中，我们需要设置两组或者多组用户，一组设置为对照组，采用已有的算法，另外一组或者几组为实验组，采用新版算法。通过对比不同算法的核心指标（比如点击率或者用户时长），来确认哪个算法更好。A/B 测试的目的是通过流量分割和科学采样，在小流量测试中获得具有代表性的实验结论。另外，A/B 测试模块还应包含数据可视化的功能，将统计的结果尽快地呈现给算法开发者，帮助他们快速地分析和定位问题。

　　除了上述几个模块之外，在实际设计过程中，还需要注意一些问题。

**推荐结果反馈**　在数据上报模块搜集的数据中，还需要包括对推荐结果的反馈。这样做的好处是，通过分析不同算法的推荐结果，完善数据的反馈机制，不断优化较差的算法，从而形成数据闭环。这里指的不同的推荐算法，可以是完全不同的两个模型，也可以是同一个模型的不同参数配置，又或者是同一个模型使用了不同的特征。通过对比不同推荐算法得到的反馈统计结果，可以分析不同算法的优劣，从而帮助算法开发者来调优模型的参数和特征。

**模型更新的健壮性** 作为个性化服务的重要一环，大多数的推荐系统需要在线上提供不间断的服务。另外，因为推荐系统例行的模型训练，每天或者每隔数个小时都会更新新的模型。为了保证服务 24 小时可用，这就要求系统在模型更新的时候仍然能够正常服务。程序开发的时候，需要在模型计算的时候，考虑即使在某些特征缺失或者不匹配的情况下，也能够最大程度上返回较准确的计算结果。

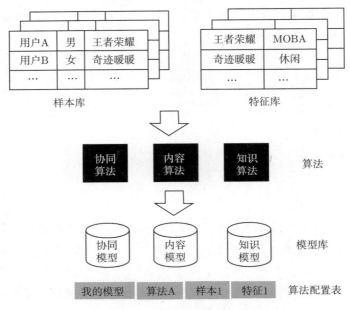

图 7.7　推荐系统通用性设计

**海量服务** 和其他互联网服务一样，推荐系统同样需要服务于海量的用户，这就使得这个系统的线上服务需要做到高可靠、高吞吐、低延迟。几种常见的优化方案有：（1）过载保护，对于突发的业务流量进行过载保护，防止服务的雪崩；（2）流式计算，通过分布式流式计算框架应对大量在线请求；（3）共享内存组件，对于一切常用的模型数据，可以考虑放在共享内存中，使得在线存储部分的性能开销尽可能降低。

**通用性设计** 在实际业务中，一套推荐系统常常会用于支持众多的业务和场景。对于不同的场景，用到的数据、算法和模型都会有很多不同之处，如果对于每个场景都从头开发，将会耗费非常多的时间和人力。那么有没有好的方法使得同一个推荐算法可以复用到不同的推荐场景呢？这就需要对推荐算法库进行通用化设计。我们将推荐系统通常划分为四个部分：样本库、特征库、算法和模型。其中，样本库存储从流水日志中提取的用户行为和特征；特征库存储用户和物品的属性等特征；算法是用于训练模型用到的机器学习算法；模型库存储的是从样本和特征计算得到的训练模型。为了不同的算法可以用于不同的样本和特征，如图 7.7 所示，我们可以使用一个算法配置表来存储数据、算法和模型的映射关系，将模型、算法、样本和特征的关系解耦，使得算法可以复用。

**用户画像**　用户画像系统和推荐系统关系非常密切。用户画像是一个标签化的用户模型，用于描述用户的基础属性、生活习性和关系链等信息，对于业务了解用户具有非常重要的意义，可以帮助大幅度的提升推荐的准确度。在设计推荐系统的同时，也需要重视对画像系统的构建。

## 7.2.2　面向深度学习的推荐系统架构设计

深度学习近年来在图像处理、自然语言理解、语音识别和在线广告等领域均取得了突破性的进展，如何将深度学习有效地用于推荐系统，提高推荐系统的准确性和用户满意度是面向深度学习的推荐系统架构设计需要考虑的主要问题。和传统的推荐系统相比，面向深度学习的推荐系统有着自动提取特征、建模用户时序行为和融合多方数据源的优点。

面向深度学习的推荐系统中使用的常用算法有：受限玻尔兹曼机（RBM）、自编码器（AE）、卷积神经网络（CNN）、深度神经网络（DNN）和宽深学习（Wide & Deep）等。

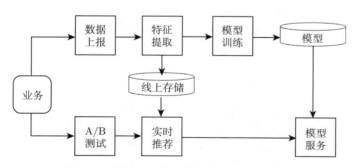

图 7.8　面向深度学习的推荐系统架构设计

一个典型的面向深度学习的推荐系统架构如图 7.8 所示，和前一节提到的架构相比，面向深度学习的推荐系统架构增加了特征提取和模型服务两个模块。其中，特征提取模块用于从样本中构建特征，提升模型效果；模型服务模块用于服务深度学习框架的预测请求，对其进行适配。总体的学习流程与前一节类似，通过数据上报得到的样本先通过特征提取模块构建特征，然后通过模型训练得到模型。特征提取模块得到的特征一方面保存到离线存储后用于模型训练，一方面存储到线上存储用于预测时调用。模型预测流程先由模型服务模块拉取模型到线上，再通过 A/B 测试模块和实时推荐模块接收来自业务的请求，通过模型服务模块得到预测结果返回给业务。

**特征提取**　相比图 7.2 中的架构，面向深度学习的推荐系统架构在训练流程中增加了一个很重要的模块：特征提取。深度学习的最大优势之一，就是能够通过一种通用的模型学习到数据的特征，自动获取到数据的高层次表示而不依赖于人工设计特征。常见的特征提取方法有：多层感知机、卷积神经网络和循环神经网络等。

　　针对不同的业务，特征提取模块会有不同的任务。比如，在第 6.1 节介绍的 Google 的手机 APP 推荐中，通过查询和条目的特征学习到一个低维稠密的嵌入向量，用于泛化模型中的输入。又比如 YouTube 的视频推荐中，输入是用户浏览历史、搜索历史、人口统计学信息和其余上下文信息组成的输入向量，输出则是用于离线训练的概率值以及用于线上的用户向量。

　　和第 7.2.1 节中的离线训练模块相比，本节介绍的特征提取使用深度学习的方法代替了人工，大大减少了特征工程的工作量，而且具有更好的泛化能力，所以是推荐系统未来发展的一个重要的趋势。

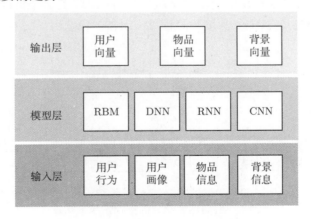

图 7.9　利用深度学习进行特征提取

　　从系统的角度看，特征提取模块设计时常常需要考虑下面两个问题。首先，特征生成的流水线需要自动化。和业务定义好数据源的接口后，特征提取模块定期地调用特征提取任务生成特征；其次，需要有一套特征管理系统对来自不同业务、使用不同方法得到的特征进行管理。实际应用中，一个业务会有多个推荐的场景，一个公司内会有多个业务，这些来自不同业务的不同推荐场景往往可以复用某些相同的特征。所以，设计的时候需要考虑同一个特征被用于多个模型的训练的情况。通过一个特征管理系统，将特征提取模块得到的特征注册到特征库，这个特征库负责管理原始特征以及各种经过特征工程处理后的特征，每个特征用唯一的特征 ID 标识。在进行特征工程的时候，通过调用特征 ID，同一份原始特征可以用于不同的特征工程输入；在模型训练的时候，经过特征工程处理的某一份特征又可以被多个算法使用。

**模型服务**　和前一节的架构相比，面向深度学习的推荐系统架构增加了模型服务这个模块。该模块的主要功能是对业务请求进行预测。类似于 7.2.1 节中的实时计算模块，加载推荐模型进行预测计算，之所以把模型服务模块独立出来，是因为区别于传统的机器学习框架，目前的深度学习框架往往同时提供了模型预测服务的功能，我们可以在现有的基础上，封装后使用在业务中。

　　模型服务提供了加载模型、请求调用和模型版本管理的功能。首先，加载模型到服务进程，等待请求调用；其次，提供一个 RPC 接口，供业务方请求；最后，提供模型版本管理的功能，加载最新的模型版本，同时在某个版本失败时提供回滚的功能。目前较为成熟的方案是 TensorFlow Serving，提供了 RPC 框架、自动模型版本管理等的功能。

**分布式训练**　现有的深度学习框架大都提供了分布式计算的框架，使用分布式训练的原因是为了使训练的速度更快，训练的模型更大。在一些场景，Google 甚至已经用到了百亿级的参数。为了快速地训练超大规模的模型，必须使用分布式的方式来进行计算。

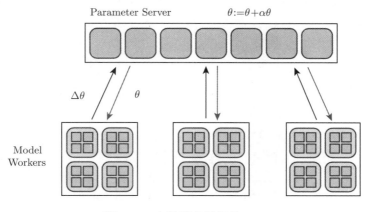

图 7.10　参数服务器架构

对于大规模的参数更新，很重要的一点是如何更新模型的分布式存储和计算，目前最常用的解决方案是参数服务器（Parameter Server）。最早版本的参数服务器是 2010 年用在自然语言处理中，最初只是使用了 Memcached 的分布式（key, value）作为同步机制。后来 Google、Microsoft、Baidu、Yahoo、腾讯都开发了各自的版本。其他开源的还有 PS-Lite、Petuum、Glint 等。总的来说，参数服务器主要提供了下面几个功能：（1）对参数的分布式存储；（2）提供参数更新机制（同步和异步）；（3）对参数的划分和放置。

典型的参数服务器集群的架构如图 7.10 所示，集群中的节点可以分为计算节点和参数服务节点两种。其中，计算节点将更新参数的任务分配到不同节点上执行；参数服务节点采用分布式存储的方式，各自存储全局参数的一部分，并作为服务方接受计算节点的参数查询和更新请求。

**深度推荐系统实用技巧**　除了上面提到的内容，在实践过程中，还有一些实用技巧。首先从简单的模型和特征开始训练，不要一开始就使用非常复杂的模型和特征，这样模型会变得非常难以训练，从而导致很长时间看不到模型的效果。所以，建议一开始使用简单的模型和特征。如果是从传统模型转到深度学习，甚至可以利用之前已经验证过有效的特征输入到深度学习系统中，来帮助调试和改进模型效果。

注重训练效率。因为深度学习的训练是一个迭代的过程，要经过多次的调参、验证，再调参、再验证的过程。所以，训练的代码效率非常重要，要尽可能地改进训练的效率，这样才能加快迭代速度，条件允许的话，可以考虑分布式或者多 GPU 训练，所谓磨刀不误砍柴功。

注意模型的可扩展性。对于深度学习的模型来说，输入特征维度的大小，一定程度上决定了最后模型的效果，所以要尽可能选用可扩展的模型，支持大规模的输入向量，这样才能有效地利用海量数据。

对比公有数据集上的结果。公有的数据集提供了一个很好的实验场，有很多的论文可以提供实验结果帮助我们分析，如果我们要提出自己的新模型，不要只是在自己的数据集上做，同时可以试试在公有数据集上的效果。

## 7.2.3　基于在线训练的推荐系统架构设计

推荐系统的发展，总是伴随着业务的需求而演进。前面两节提到的设计方案中，我们通过分布式存储系统和分布式计算来提升处理数据的规模和训练的速度。但是对于一些互联网应用来说，业务还需要追求更快的反馈和更大的数据规模。比如，假设一个互联网广告的场景，用户的数量是十亿级别，推荐的广告内容是十万级别，对于这样的规模，即使使用了分布式训练，模型训练的速度也必须以小时计算。而对于业务来说，我们希望用户对于上一个广告的反馈（喜欢或者不喜欢，有没有点击），可以很快地用于下一个广告的推荐中。这就要求我们用另一种方法来解决这个问题，这个方法就是在线训练。

基于在线训练的推荐系统架构适合于广告和电商等高维度大数据量且对实时性要求很高的场景。相比较基于离线训练的推荐系统（见图 7.2），基于在线训练的推荐系统不区分训练和测试阶段，每个回合都在学习，通过实时的反馈来调整策略。一方面，在线训练要求其样本、特征和模型的处理都是实时的，以便推荐的内容更快地反映用户实时的喜好。比如，五分钟前发生的新闻事件，就可以通过用户的喜好推送到不同的用户；另一方面，因为在线训练并不需要将所有的训练数据都存储下来，所以不需要巨大的离线存储开销，使得系统具有很好的伸缩性，可以支持超大的数据量和模型。对于数据量很大的业务场景，基于在线训练的推荐系统提高了处理问题规模的上限，从而能够带来更多的收益。

最新的推荐系统演进，是将深度学习和在线学习结合起来。充分利用两者的优点，使得推荐系统既能够处理海量的用户和物品数据，又能够自动从这些数据中提取出特征用于训练，找出推荐对象的相关性，并且快速响应用户的反馈。

基于在线训练的推荐系统中使用的常用的算法有：FTRL-Proximal、AdPredictor、Adaptive Online Learning 和 PBODL 等。

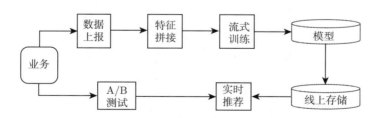

图 7.11　基于在线训练的推荐系统架构设计

**样本处理**　和基于离线训练的推荐系统相比，在线训练在数据上报阶段的主要不同体现在样本处理上。对于两者来说，数据的采集并没有太多不同，都是通过在业务中埋点然后实时上报到推荐系统。不同的是，对于离线训练来说，上报后的数据先是被存储到一个分布式文件系统，然后等待离线计算任务来对样本进行处理；对于在线训练来说，对样本的去重、过滤和采样等计算都需要实时进行。

实时训练对于样本的正确性、采集质量和采样分布，有着更严格的要求。实际的业务中上报的数据因为种种原因可能会出现数据缺失、冗余和错报等情况，这就要求样本处理能够容忍缺失和错报，以及过滤掉冗余的数据。同时对于过于稀疏的数据或者噪音数据，系统会对其进行丢弃。另外，因为在线学习的算法一般都是使用已经观察到的一个数据窗口的数据来对测试的数据进行预测，非常容易进行过拟合，所以在样本处理的时候需要使实时采样得到的样本的分布和累积的样本分布尽量相似，以避免模型的效果变差。另一方面，对于常用的操作，可以提取通用的采样规则，以便不同算法程序员自定义采样需要。

**实时特征** 实时特征模块通过实时处理样本数据拼接训练需要的特征构造训练样本，输入流式训练模块用于更新模型。该模块的主要的功能是特征拼接和特征工程。

特征拼接对特征进行读取、选择、组合等操作。如图 7.12 所示，首先根据算法的配置，从样本中选择需要的特征，从相应的存储接口读取该特征，将读取到的用户、物品和场景特征拼接在一起，以便下一步处理。然后根据从拼接好特征的样本中进行特征选择、特征交叉等操作，并将处理的结果写入流处理消息队列，用于输出至模型训练和模型评估模块进行流式训练。特征工程按照特征组合规则，对特征进行内积、外积和笛卡尔积等操作，构造出新的特征，同时将新的特征和特征库写入到特征配置表中。

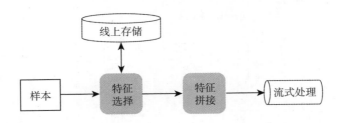

图 7.12 在线学习之实时特征处理

数据的采样和特征处理一般是以时间窗口的形式进行。窗口的大小，取决于模型的效果和业务实时性要求之间的折中。开发者可以根据业务的情况选择一个适合的时间窗口，每搜集一定量的用户数据就更新一次模型。对于大规模的特征集合，可以将模型参数存储在参数服务器中。

**流式训练**　流式训练模块的主要作用是使用实时训练样本来更新模型。推荐算法中增量更新部分的计算，通过流式计算的方式来进行更新。在线训练的优势之一，是可以支持模型的稀疏存储。虽然训练使用的特征向量的维度可能是上十亿维，但是对于某一个样本实例来说可能只有几百个非零值。这使得在线训练可以对大规模的数据集进行流式训练，每个训练样本只需要被处理一次。模型方面，FTRL-Proximal 结合了 OGD（Online Gradient Descent）和 RDA（Regularized Dual Averaging）的优点，在准确度和稀疏性上比这两个模型都更优。同时，在工程中使用二次采样等技巧来提高训练的速度和减少模型的大小。

训练方面，在线模型不一定都是从零开始训练，而是可以将离线训练得到的模型参数作为基础，在这个基础上进行增量训练。这样，不但缩短了在线训练模型收敛的时间，也避免了训练启动阶段模型不佳的情况。

**模型存储和加载**　模型一般存储在参数服务器中。模型更新后，将模型文件推送到线上存储，并由线上服务模块动态加载。

另外，基于在线训练的推荐系统还需要考虑的问题有下面几个方面。

**模型健壮性**　在线学习对模型健壮性有更高的要求。因为在线学习使得推荐系统的反应变得更加敏捷，但是同时对于脏数据或者扰动也变得更加敏感，实时处理的数据流中的任何一个扰动或者故障都可能给模型训练或模型预测造成干扰，进而影响推荐结果。这就要求在线学习模型和算法足够强壮，能够应对训练数据中的波动。常用的方法有正则化、自适应学习率、低覆盖率的特征过滤等。从特征方面，也可以引入统计量作为特征，以此作为平滑手段。

## 7.2.4　面向内容的推荐系统架构设计

推荐引擎使得内容分发的方式产生了重大的变革，从早期的门户网站，到通过微博、朋友圈传播的资讯，直至以今日头条、抖音为代表的个性化资讯，推荐系统使得用户获取有趣内容变得更加容易。

针对内容分发设计的推荐系统，和其他推荐系统相比，对于内容处理有更高的要求。常见的做法是将要用于推荐的内容进行处理后表示成神经网络可以识别的向量和标签，然后输入到召回和排序模型中使用。

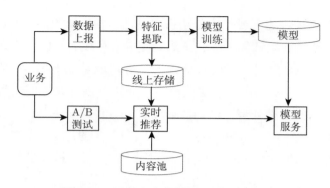

图 7.13  面向内容的推荐系统架构设计

**新闻资讯**  对于新闻资讯类的推荐，因为新闻的时效性要求很高，所以对内容的理解非常重要。常用的内容理解工具有文本分类、关键词提取和主题提取等，分别从不同层次对新闻内容进行理解。文本分类是粒度较粗的一个特征，用于感知用户兴趣的类别。关键词提取进一步理解用户更细的兴趣，比如某个明星或者球队。主题提取则是从语义的方面丰富对内容的理解，使得对用户的兴趣覆盖更全面。

**视频音乐**  要对视频和音乐进行推荐，首先需要对内容进行理解。可以使用第 6.1 节中用到的方法，通过 word2vec 等方法将原视频或音频表示为一个低维稠密的嵌入向量，然后通过协同过滤来计算物品之间的相似度用于召回阶段，然后再使用 DNN 等算法进行精排。

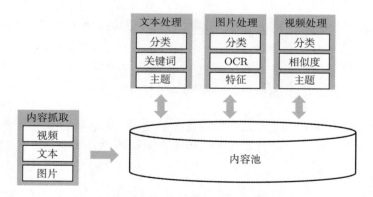

图 7.14  用于推荐的内容池

**广告购物**  针对广告和购物的场景，很重要的一件事情就是对广告物品和商品的识别。比如，一个典型的服装广告图片，可能会包含模特、衣服和广告词等因素。如果能对男女性别、服装分类、服饰分类以及广告词进行 OCR 识别，就能够更好地理解广告的内容，从而产生更精准的推荐。

文字识别（Optical Character Recognition）的作用是识别图片中的文字内容，提取广告和商品等图片中的语义特征，加深对图片创意和用户偏好的理解，从而更好地对物品进行推荐。目前在文本检测领域，很多基于深度卷积神经网络的算法已经成为主流的方法。

**内容抓取**　如图 7.14 所示，内容抓取模块负责从互联网或者自属业务中抓取需要推荐的内容存储到内容池中。一般来说，这一功能是由分布式爬虫来实现的。抓取的关键在于统一数据格式。虽然我们抓取的内容可能是来自不同的数据源，有着不同的格式，但是为了后续的使用，需要对数据的存储格式进行统一规范。第一，要规范抓取内容的字段和格式，仔细考虑业务和算法需要的字段；第二，要对内容字段进行标准化的处理，比如存储成相同的音视频格式或者文本编码；第三，选择合适的存储介质保存；第四，预留一些字段用于不时之需，避免在抓取过程中遇到没有字段可用的情况。另外，抓取过程中需要重视版权问题。

抓取内容后，通常还需要对内容池中的内容建立索引。通过提取内容的关键特征作为索引，使得推荐系统其他模块在使用内容池时候能够根据内容索引找到相应的内容。

**内容生成**　随着内容分发的进一步发展，推荐系统甚至可以和内容生成相结合，来为不同用户生成定制的内容。比如，在广告的场景里面，可以针对用户的喜好挑选背景和广告词；在电影推荐里面，可以针对不同用户生成不同题材的海报，例如同一部电影里有两个主演，对于不同的观众，推荐系统甚至可以决定在海报中使用哪个主演作为海报的内容。

# 7.3　推荐系统常用组件

## 7.3.1　数据上报常用组件

Apache Kafka 是一个开源的流处理平台。它提供了对实时数据源的高吞吐低延迟的统一处理框架。从逻辑上来看，Kafka 是对多生产者多消费者队列的分布式实现。消息通过主题（Topic）来进行管理，一个主题可以有多个生产者和多个消费者。生产者产生消息并推送到某一主题，订阅这一主题的消费者则从主题中拉取消息。

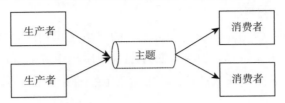

图 7.15　Apache Kafka 逻辑架构

## 7.3.2　离线存储常用组件

HDFS（Hadoop Distributed File System）是目前使用极为广泛的分布式文件系统。它的设计目标是低成本、高可靠性和高吞吐率。其容错机制使得 HDFS 可以基于廉价的硬件来构建分布式文件系统，在即使有组件失效时仍然可以提供可靠存储。

Hive 是一个基于 Hadoop 的数据仓库，提供了比较完整的 SQL 功能，使用 HDFS 作为存储底层。其设计目标是方便熟悉 SQL 的工程师对数据进行操作而不需要进行复杂的编程。Hive 支持的数据规模可以达到上百 PB，并且支持结构化数据的存储。

## 7.3.3　离线计算常用组件

Apache Spark 是一个基于内存数据处理的高性能分布式计算框架，它提供简单、灵活、强大的 API 帮助用户开发高效的程序用于复杂的数据分析。Spark 提供了和 Hadoop 类似的 MapReduce 计算模型，但是和 Hadoop 不同的是，Spark 使用了基于内存的中间数据结构，使得它能更好地支持需要多轮迭代的工作负载。

TensorFlow 是一个开源的软件框架，用于对数据流图的数值计算。它提供了强大而多样的 API 供机器学习研究者来开发各种应用。

分布式 TensorFlow 提供了对参数服务器的支持。和其他参数服务器不一样的是，TensorFlow 的参数服务器对参数的更新是隐式的，也就是说，程序员不用手动去 push 和 pull 这些参数。这使得基于 TensorFlow 的参数服务器的开发变得尽可能简单。而编写分布式 TensorFlow 程序的主要任务，也就成了如何将参数合理地分布到不同的参数服务器上，通过集群配置接口、指定设备接口和同步模式接口来进行参数配置。

### 7.3.4　在线存储常用组件

Redis 是一个开源的基于内存数据结构的存储系统，它可以用作数据库、缓存和消息中间件，是目前最为常用的 key-value 数据库之一。

Memcached 是一种通用的高性能分布式内存缓存系统。它一般用于将动态的数据缓存到内存中帮助提升读取外部数据的速度。Memcached 提供基于内存的 key-value 存储。

RocksDB 是另外一个高性能的 key-value 数据库。它基于 LevelDB 改进，针对多核和固态硬盘进行了优化，使其对于 IO 密集的负载非常友好。

共享内存是最基础的存储方式之一，如果合理使用，可以将数据放置在离计算尽可能近的位置。实际使用中，配合数据拉取需要有一些定制的开发。

### 7.3.5　模型服务常用组件

TensorFlow Serving 可以用于搭建机器学习模型的服务，它是面向生产环境设计的，灵活而高效。TensorFlow Serving 提供了和 TensorFlow 模型的无缝衔接，其主要特点有自动加载新模型、批量处理请求、可水平扩展等。

### 7.3.6　实时计算常用组件

Apache Storm 是一个开源的分布式实时计算系统。它提供了简单易用的编程模型，使得数据的实时流处理变得更简单，并且可以方便对计算拓扑进行管理和扩展。另外，它和 Apache Kafka 之间可以很好地适配。其常见的应用场景为数据实时统计、聚合分析、模型预测等。

Spark Streaming 是对 Spark 核心 API 的一个扩展，它提供了对实时数据流的可扩展、高吞吐、高可靠的流处理。Spark Stream 对数据流提供了一个 DStream 的抽象，方便开发者对流式数据进行处理。

## 7.4　推荐系统常见问题

### 7.4.1　实时性

在基于离线训练的推荐系统架构里面，业务数据需要通过离线存储和离线训练两个耗时较长的模块，所以整个模型迭代的过程至少是以小时为周期的。这种模式使得数据的时效性受到了很大的限制，仅适用于对数据时效性要求不高的业务场景。

针对这个问题，可以使用基于在线训练的推荐系统里面的架构对特征进行实时提取和实时拼接，这样基本可以做到秒级的特征反馈，适用于捕捉用户的短时兴趣。

## 7.4.2　多样性

对于推荐系统而言，大多数算法关注的都是如何提高推荐算法准确性，却忽略了推荐结果的多样性，结果是给用户推荐的结果越来越同质化，使得用户的新鲜感降低，最终影响用户的使用体验。以购物为例，给用户推荐的物品越来越集中，很难激发用户新的购物需求。所以，推荐内容的多样性，对于用户长期的满意度提高，有着积极和重要的影响。

常见的多样性算法有热传导、二次优化、社会化网络等。通过设定合理的相似性、集中指数和覆盖度，来提高推荐结果的多样性和新颖性。

## 7.4.3　曝光打击和不良内容过滤

推荐系统给用户带来了便利，帮助用户更好更快地发现自己感兴趣的信息。但是一个平台上的用户内容，并不总是积极健康的。对于一个影响力巨大的互联网平台，有责任对不良内容进行过滤，对恶俗的内容进行曝光打击，以传递正确的价值观。对于谣言和色情等违法内容，应坚决进行过滤。对于恶俗、恶搞和"标题党"等内容，应降低这些类别的权重。虽然对恶俗的内容进行曝光打击会影响到用户时长，但是，一个成功的应用程序需要关注自己的品牌形象，并为用户带来长期的、有益的价值。

## 7.4.4　评估测试

模型准备就绪后，一般会先通过离线指标来评估模型的好坏，然后再决定能否上线测试。离线算法评估常见的指标包括准确率、覆盖度、多样性、新颖性和 AUC 等。在线测试一般通过 A/B 测试进行，常见的指标有点击率、用户停留时间、广告收入等，需要注意分析统计显著性。同时，需要注意短期的指标和长期的指标相结合，一些短期指标的提升有时候反而会导致长期指标下降。比如，经常推荐美女或者搞笑类的内容会带来短期的点击率提高，但是可能会引起长期的用户粘性下降。设计者需要从自己的产品角度出发，根据产品的需要制定评估指标，这样才能更好地指导推荐系统的优化方向。

# 后 记

根据作者的经验，推荐系统是一个结合了产品设计、算法设计、架构设计、交互设计的复杂系统，并不能仅仅依赖算法的提升。一般来说，若读者需要规划一个应用于线上的推荐系统，需要注意以下问题：

1）推荐系统的应用场景

作者认为推荐系统是平台或者 APP 的辅助配套技术之一，用来帮忙用户挖掘多样性的内容，而不能夸大推荐系统的功能，过分依赖推荐系统。首先平台需要有足够规模的内容生产生态，推荐系统的个性化分发才有意义；其次如果平台在细分领域过于垂直，内容单一，其实也无需引入推荐系统。

2）精准推荐依赖完善的产品设计

提升推荐准确度不能仅仅依靠算法。还需要产品体系上的支持，最核心的两个问题就是：a）准确和完善的数据上报体系。只有丰富的数据才能支撑推荐系统的建立。b）合理的正负反馈交互机制。推荐系统中一大难点就是收集用户的兴趣，并且兴趣包括了正向的兴趣和负向的兴趣。刚刚开始搭建推荐系统时，收集正向的兴趣会非常重要，而当推荐系统开始迭代优化时，负向兴趣的收集也同样重要。

3）更多数据 VS 更好的模型

更多数据 VS 更好的模型在很多文章中均有所提及。算法工程师往往会希望通过模型的优化提升最后的效果，但是实际上往往调整之后并没有明显提升。相反，他们发现增加一些数据能提高已在用的算法的预测精确性。有许多增加更多数据的途径，Netflix 是通过增加特征的数量和类型，这样能够提高问题空间的维度。谷歌也曾经说：Google 并没有更好的算法，只是有更多数据而已。但是，在真实的 Netflix 应用场景中，增加超过 200 万的训练样本几乎没有什么效果。所以关于更多数据与更好算法孰优孰劣的讨论并没有一定的结果。更多数据能够形成更多训练样本。当数据增长到一定量级之后，带有巨量特征的复杂模型会导致 "high variance"，但是在大多数情况下这还是有用的。有时，你需要更多数据，有时你也需要改进你的算法，有时两种没有什么区别，过分专注于一个则另外一个会离优化越远。

4）推荐的召回策略多优于少

协同过滤被认为是目前最经典也最有效的推荐算法，往往大部分推荐系统在召回阶段都使用该技术。但是在召回策略上，不能依赖单一的召回方法，例如，可以通过标签或其他内容属性进行召回。较多召回策略一般都会优于较少的召回策略。

5）推荐系统也需要规则干预

以视频推荐系统来说，算法一般都会倾向于推荐点击率高的作品。但是很遗憾，高点击的作品往往会夹杂暴力色情等内容。所以推荐系统往往需要制定很多策略把不适合的内容过滤掉。另外，推荐系统也会倾向于推荐同质化的作品，所以往往又需要对同类作品进行推荐频次的限制。这些看似简单的规则，实际上会大大增加推荐系统的复杂度。